花鸟鱼虫

动起来

宋再红　编著

世界图书出版公司

图书在版编目（CIP）数据

花鸟鱼虫动起来 / 宋再红编著 . -- 北京 : 世界图书出版公司 , 2021.9
ISBN 978-7-5192-8959-1

Ⅰ . ①花… Ⅱ . ①宋… Ⅲ . ①三维动画软件 Ⅳ . ① TP391.41

中国版本图书馆 CIP 数据核字 (2021) 第 197700 号

书　　名	花鸟鱼虫动起来
（汉语拼音）	HUA NIAO YU CHONG DONG QILAI
编 著 者	宋再红
总 策 划	吴　迪
责任编辑	王林萍
装帧设计	付红雨
出版发行	世界图书出版公司长春有限公司
地　　址	吉林省长春市春城大街 789 号
邮　　编	130062
电　　话	0431-86805551（发行）　0431-86805562（编辑）
网　　址	http：//www.wpcdb.com.cn
邮　　箱	DBSJ@163.com
经　　销	各地新华书店
印　　刷	吉林省海德堡印务有限公司
开　　本	787 mm×1092 mm　1/16
印　　张	11.75
字　　数	237 千字
印　　数	1—2 000
版　　次	2021 年 9 月第 1 版　2021 年 9 月第 1 次印刷
国际书号	ISBN 978-7-5192-8959-1
定　　价	68.00 元

前言

本书以动画案例为载体，对二足角色、四足角色、禽鸟类骨骼绑定和环境特效制作进行了详细讲解，简单介绍了动画调节的过程（市面上对动画调节和运动规律的资料很多，读者可以轻易收集到），把动画片段制作的全部流程进行了系统讲解。

全书共分七个实训项目，基本涵盖 3ds Max 软件的关键点动画、材质动画、粒子动画、修改器动画和角色动画知识与技能训练，采用案例式教学，做到步步有任务、节节有训练，通过仿真训练提高实际动手能力。主要内容包括基础动画和粒子动画部分（项目一）、布料及修改器动画部分（项目二）、角色动画特效综合部分（项目三、四、五、六、七）。这七个项目，从关键点动画到修改器动画再到粒子动画及角色动画，由易到难，直观地展示了三维动画制作的思路和方法，所选案例生动有趣，把枯燥的知识点融入生动的案例中，让读者从实例的制作中掌握三维动画制作的方法。

本书针对有一定三维动画软件基础的学习群体，学习者需要有一定的运动规律知识。本书可作为大中专院校动漫类、游戏类、数字媒体类、网络媒体类、计算机应用类等专业学习的课程教材或参考用书，也可作为社会从业人员技术参考用书和培训用书，还可作为喜欢三维动画制作的爱好者的自学用书。

由于水平有限，书中如有不当之处，请广大读者批评指正。

目录

项目一

三维动画开场了

项目分析

在项目制作之前，大家先看一下案例视频（项目一中的开场动画 .avi），视频截图如图 1-1 所示。

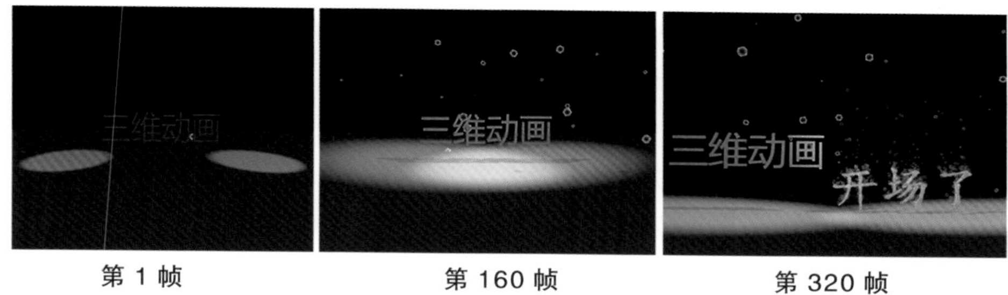

图 1-1　开场动画视频截图

观看视频分析本案例的制作思路归纳出制作步骤。我们要先列出场景元素。在制作动画之前把场景元素准备好。在这个场景中元素有三维文字，文字动画有两 组，灯光动画一组，文字的材质动画一组，粒子动画一组，摄影机动画一组。通过本案例的学习制作我们将了解三维动画的分类，认识时间轴，掌握关键点动画及简单粒子动画的操作。

经过对本案例的分析。本项目中需要完成的任务有 5 个：

1. 完成文字动画的制作。
2. 完成灯光动画的制作。
3. 完成粒子动画的制作。
4. 完成摄影机动画的制作。
5. 音乐素材的添加。

知识目标

1. 了解 3ds max 动画分类。
2. 了解动画制作的基本设置常识。

能力目标

1. 掌握模型动画的制作方法。
2. 掌握灯光动画的制作方法。
3. 掌握简单粒子动画的制作方法。
4. 掌握摄影机动画的制作方法。
5. 掌握音乐素材的添加方法。

任务一 文字动画制作

任务目标

掌握 3ds max 软件中关键点动画的制作方法。

知识链接

一、3ds max 动画分类

3ds max 动画分类方式很多，常见的分类方法是根据操作对象的不同进行分类，大致可以分为以下四种类型：

1. 模型动画：这类动画是通过记录不同时间点模型中修改器参数的变化情况或模型的位置、角度、缩放程度的变化创建的。

2. 材质动画：这类动画是通过记录不同时间点材质属性的变化创建的。

3. 灯光动画：这类动画是通过记录不同时间点灯光照射方向、照明效果等变化创建的。

4. 摄影机动画：这类动画是通过记录不同时间点摄影机位置、观察方向和视角的调整情况创建的。

以上这些动画都是通过记录操作对象的关键点实现的动画，也可以叫作关键点动画。这是一种动画的生成方式。

在我们学习 3ds max 动画过程中一般会以动画生成方式及动画的作用分类，一般分为以下四类：

1. 关键点动画：这类动画是以记录操作对象的关键点生成动画。

2. 角色动画：这类动画是利用骨骼系统驱动角色模型生成的动画。

3. 粒子动画：这类动画利用粒子系统的属性变化来生成动画。

4. 动力学系统动画：用 3ds max 自带的动力学系统生成的动画。

二、关键点动画的基本设置方法

1. 自动关键点：在动画和时间控件区切换到自动关键点模式，移动时间滑块，修改对象参数，在两个自动关键点间系统自动记录动画过程。

2. 设置关键点：在动画和时间控件区切换到设置关键点模式，并点击记录设置关键点按钮，移动时间滑块，修改对象参数，再次点击记录设置关键点按钮，完成关键点设置，在两个设置关键点间系统自动生成动画。

技能训练

01 新建一个文件，命名为“开场动画”，把单位设置为厘米。在场景中创建“三维动画”和“开场了”两组文字和一个长方体制作的地平面，状态如图 1-1-1 所示。

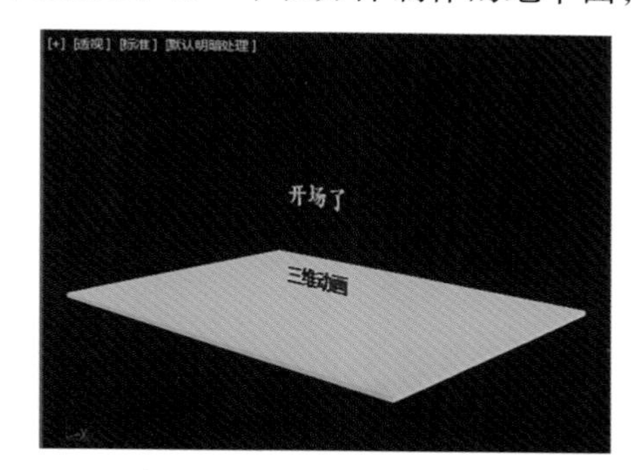

图 1-1-1　动画初始场景

02 在动画和时间控件区点击时间配置按钮，调出时间配置对话框，重新设置时间长度，参数如图 1-1-2 所示。

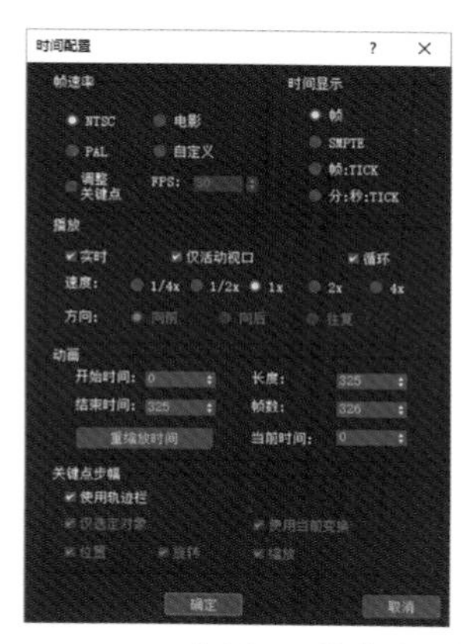

图 1-1-2　时间配置参数设置

时间设置完成后，点击确定按钮。

03 把时间滑块移动画 140 帧，在透视图把场景调整到如图 1-1-3 所示的状态，按下 Ctrl+C 键创建一个摄影机。打开安全框。

图 1-1-3　打开安全框的摄影机视图

04 确认时间滑块在 140 帧上，点击动画和时间控件区的切换设置关键点模式按钮，接着单击设置关键点按钮，这时在 140 帧上会出现一个关键点如图 1-1-4 所示。

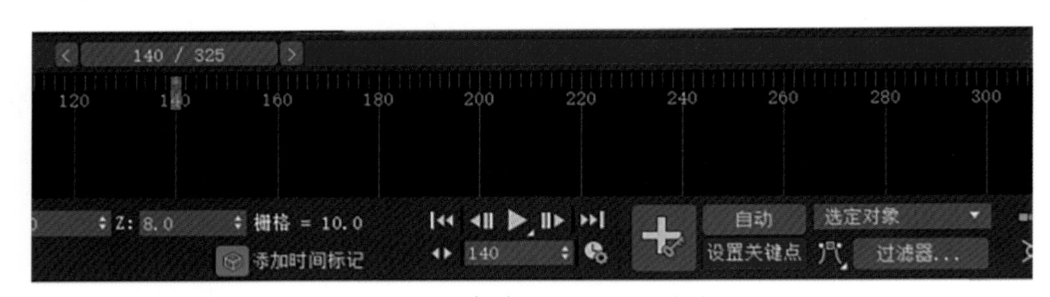

图 1-1-4　在第 140 帧设置关键点

这时关键点显示的是红、绿、蓝三种颜色。说明在移动（红色标记）旋转（绿色标记）缩放（蓝色标记）三种修改方式上都记录了关键位置。这个操作是让从第 0 帧到第 140 帧间“三维动画”文字保持不动的状态。

05 把时间滑块移动到 148 帧，选择“三维动画”文字，在 z 轴向上向下移动到地平面位置世界坐标中 Z 位置为 0，单击设置关键点按钮，时间线状态如图 1-1-5 所示。

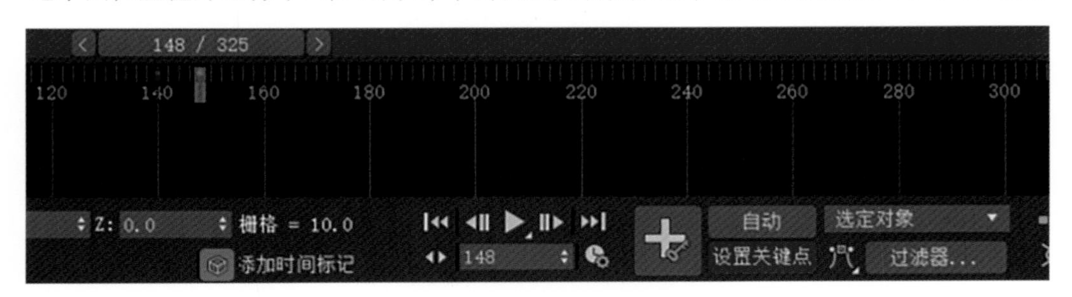

图 1-1-5　设置第 148 帧关键点

这个操作让文字从 140 帧到 148 帧之间落到地面上。

06 把时间滑块移动画 156 帧，向上移动“三维动画”文字，世界坐标中Z位置为6，比初始位置（0 —140 帧的位置）低一点，表现文字的反弹。点击设置关键点按钮，时间线状态如图 1-1-6 所示。

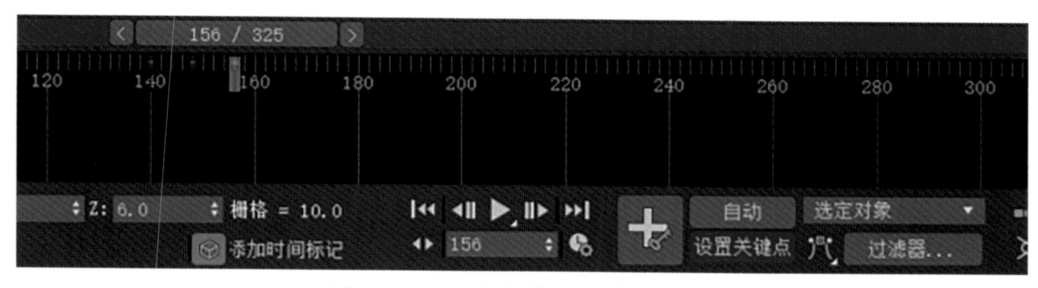

图 1-1-6　设置第 156 帧关键点

07 用同样的方法设置第 162 帧 z 轴位置值为 0，第 169 帧 z 轴位置值为 2，第 174 帧 z 轴位置值为 0 的关键点，时间轴状态如图 1-1-7 所示。

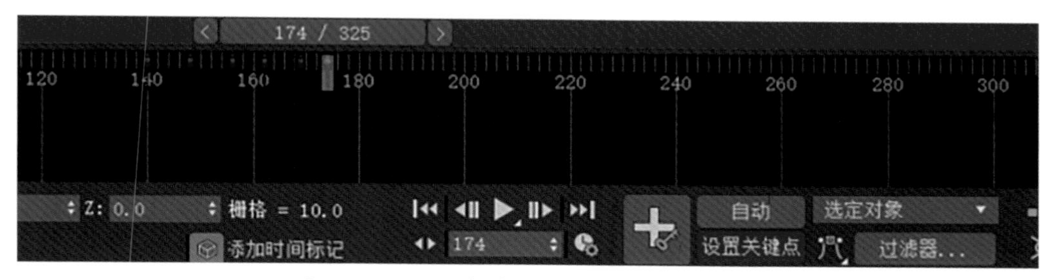

图 1-1-7　文字落地完成的时间线状态

08 为了把文字落地表现得更真实一些，我们点击切换自动关键点按钮，把时间滑块移到第一个落地帧上也就是 148 帧，在前视图中用缩放工具沿 y 轴缩小一点点，表现文字掉落撞击地面被挤压的状态，时间线如图 1-1-8 所示。

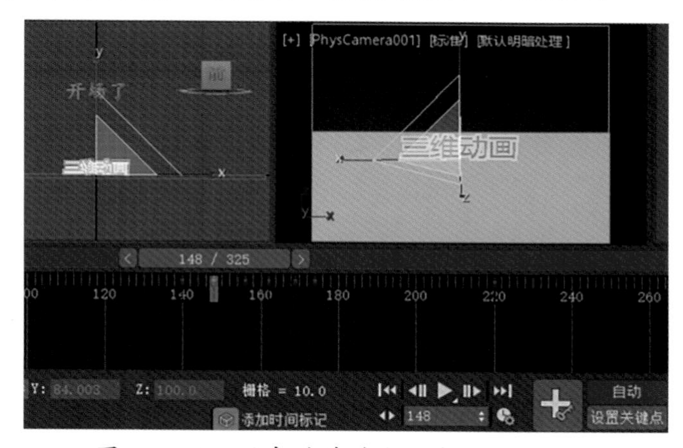

图 1-1-8　用自动关键点方式缩小 y 轴值

09 用同样的方法设置第 162 帧和第 174 帧落地挤压的效果。

10 “三维动画”文字在第 220 帧到第 230 帧之间向屏幕的左上方移动了一些，用前面学习的设置关键点设置第 174 帧到 220 帧之间文字保持不动，再用打开自动关键点方式在第 203 帧向左上方移动文字生成自动关键点动画。

通过前面的设置我们完成了“三维动画”文字的落地动画和移动动画，请大家用同样的方法完成“开场了”文字动画的制作。要注意设置关键点和自动关键点的作用区别。

任务二 灯光动画制作

任务目标

掌握灯光动画的制作方法。

知识链接

1.3ds max 灯光位置动画的设置。

2.3ds max 灯光属性动画的设置。

技能训练

01 打开任务一中制作好的场景，在前视图中创建两盏目标聚光灯，状态如图 1-2-1 所示。

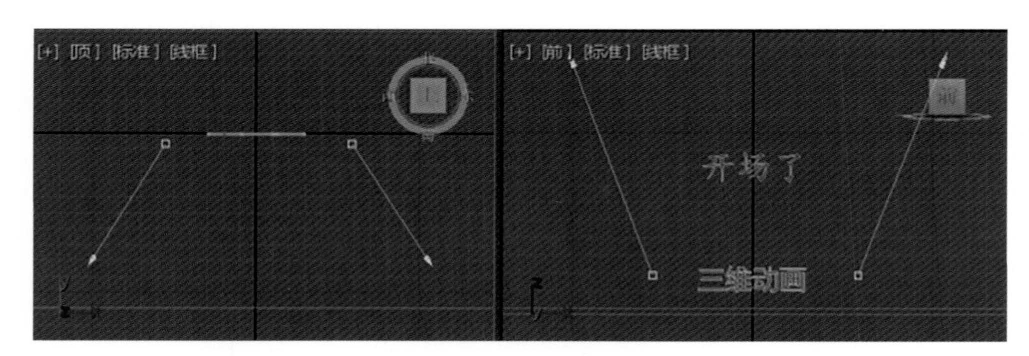

图 1-2-1 聚光灯位置

02 制作聚光灯位置动画。选择聚光灯的目标点，打开自动关键点模式，设置第 0 帧到第 80 帧的自动关键点，状态如图 1-2-2 所示。

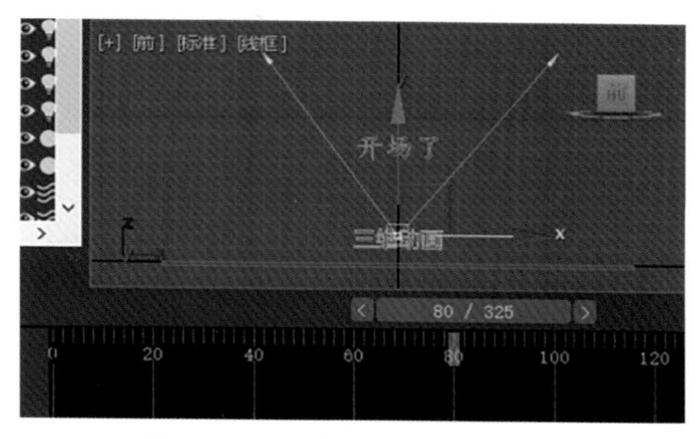

图 1-2-2　时间配置参数设置

03 用设置关键的方法设置灯光目标点从第 220 帧到第 240 帧的动画，第 240 帧状态如图 1-2-3 所示。

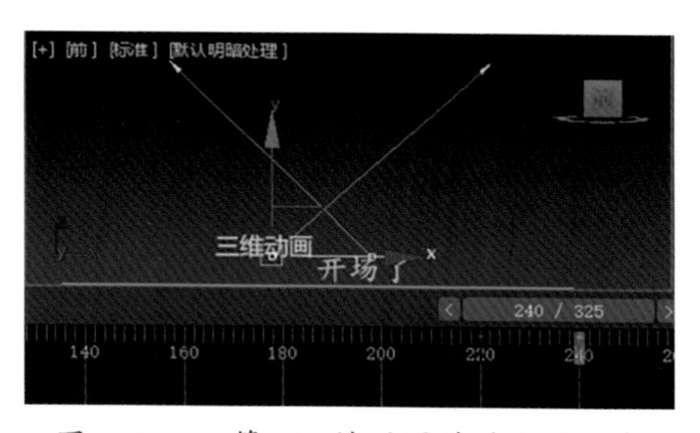

图 1-2-3　第 240 帧设置关键点的状态

04 设置聚光灯参数动画。选择聚光灯打开自动关键点模式在修改面板下的强度 / 颜色 / 衰减卷展栏中修改倍增值和颜色，在聚光灯参数下面修改衰减区域值，参数如图 1-2-4 所示。

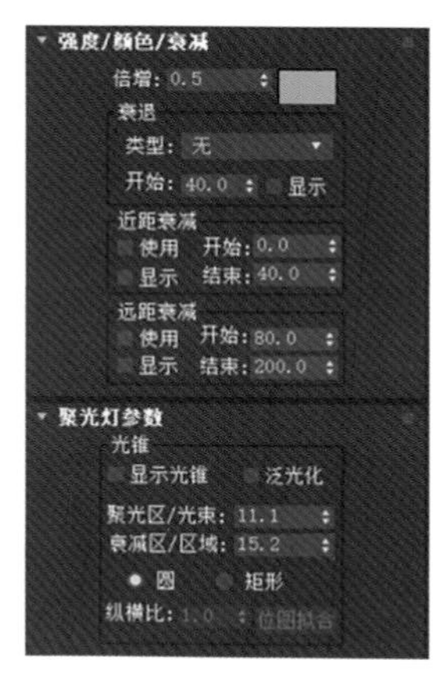

图 1-2-4　第 0 帧聚光灯参数值

05 把时间滑块移动到第 80 帧，修改参数如图 1-2-5 所示。

图 1-2-5　第 80 帧聚光灯参数值

06 确认时间滑块在 95 帧上，参数聚光灯参数设置如图 1-2-6 所示。

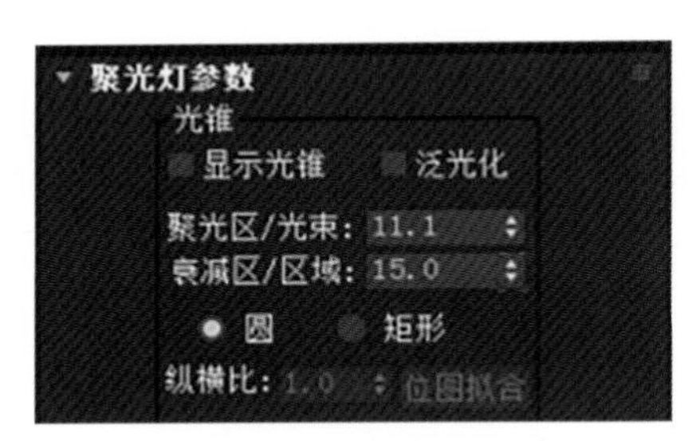

图 1-2-6　第 95 帧聚光灯参数设置

这三步的设置是表现聚光灯光线强度从第 0 帧到第 80 帧由弱变强，光线照射范围由小到大，从第 80 帧到第 95 帧光线强度不变，光线照射范围由大到小。根据这种方法自己试着制作更多的灯光变化的动画。

任务目标

掌握简单粒子动画的制作方法。

知识链接

1.PF 粒子的创建。

2. 粒子视图参数的修改。

技能训练

01 首先制作随着文字飘浮的气泡粒子。打开任务二中制作好的场景，在前视图中创建一个粒子源流（在 [创建] 面板下 [几何体] 下找到 [粒子系统]，点击 [粒子源流] 在视口中拖动鼠标），按下键盘上的数字 6 键调出粒子视图，设置出生的参数如图 1–3–1 所示。

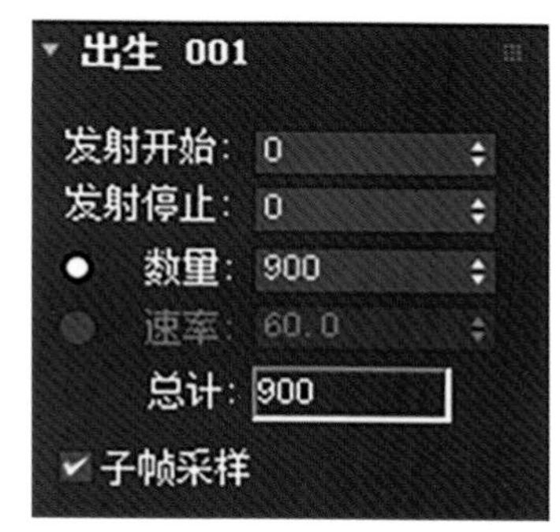

图 1–3–1 粒子出生参数设置

02 在粒子视图下方的事件库中找到位置对象，按下左键拖动到事件 001 中的位置图标上替换掉位置图标。粒子视图的状态如图 1–3–2 所示。

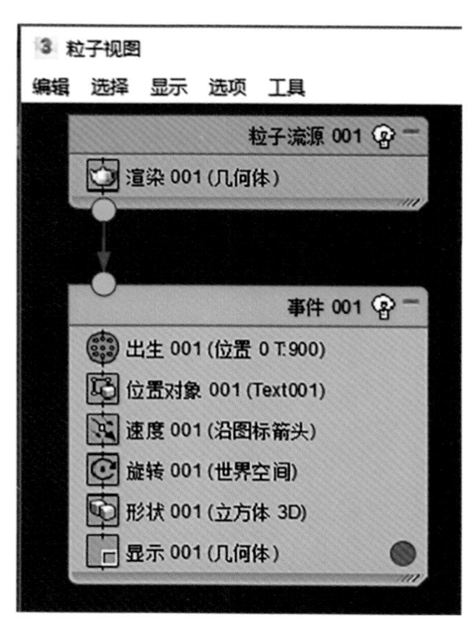

图 1–3–2 粒子中视图事件 001 状态

单击位置对象，在位置对象属性栏里设置位置对象的参数，在发射器对象选项栏里单击添加按钮，在场景中单击选择要携带粒子的“开场了”文字模型（位置对象拾取的对象需要是多边形物体或网格物体不能是二维对象），位置对象属性状态如图 1-3-3 所示。

图 1-3-3　位置对象属性参数设置

03 在事件 001 中选择速度，在属性面板中修改参数，参数设置如图 1-3-4 所示。

图 1-3-4　速度的属性参数设置

04 在事件 001 中选择旋转，在属性面板中修改参数，参数设置如图 1-3-5 所示。

图 1-3-5　旋转属性参数设置

05 在事件 001 中选择形状，在属性面板中修改参数，参数设置如图 1–3–6 所示。

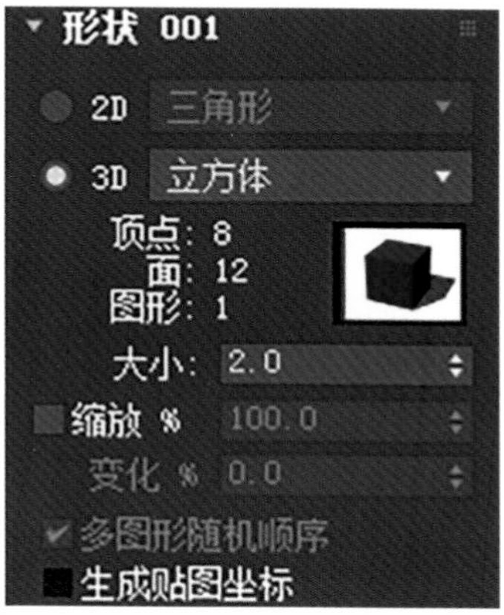

图 1–3–6　形状的属性参数设置

06 在事件 001 中选择显示，在属性面板中修改参数，参数设置如图 1–3–7 所示。

图 1–3–7　显示属性参数设置

07 通过上面的参数设置，我们可以在场景中看到文字被方形的粒子块包围着，状态如图 1–3–8 所示。

图 1–3–8　事件 001 中设置完成的场景中的粒子对象

08 “开场了”文字在第 200 帧到 211 帧间碰到了“三维动画”文字，在碰撞后粒子散开，要达到粒子散开的效果就需要有一个导向器和粒子进行碰撞，接下来我们制作粒子的碰撞。首先在创建面板——空间扭曲——导向器下创建一个全导向器，在全导向器的修改面板下的基本参数中点击拾取对象按钮，在场景中单击“三维动画”文字，让“三维动画”文字成为碰撞体，这个时候我们如果拖动时间滑块测试场景，并不会有反应也就是粒子没有碰撞，原因是没有把导向器添加到粒子事件中去。现在按下 6 键打开粒子视图，在事件库中找到碰撞，按下左键拖到事件 001 中，状态如图 1–3–9 所示。

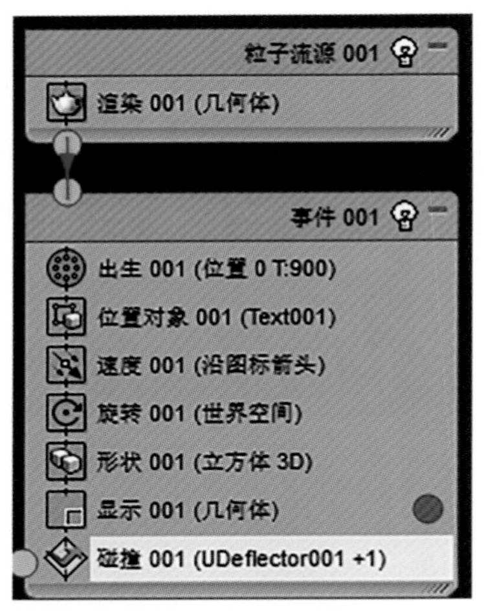

图 1–3–9　在事件 001 中添加碰撞

设置碰撞的属性，在导向器选项板中点击添加按钮，在场景中拾取刚才创建的全导向器图标，碰撞性面板状态如图 1–3–10 所示。

图 1–3–10　碰撞属性面板参数

09 拖动时间滑块进行测试，碰撞后粒子没有了，这是因为在事件 001 中经过碰撞的粒子已经不属于事件 001 了，所以我们需要再添加一个事件进来。我们在场景中先创建一个重力，然后打开粒子视图，在事件库中找到力，把它拖曳到粒子视图中空白的地方，产生事件002，并点击事件002拖到事件001碰撞前的圆点上松开鼠标，事件002和事件001的碰撞产生了一条连线，完成了事件002和事件001中碰撞的连接，状态如图1-3-11所示。

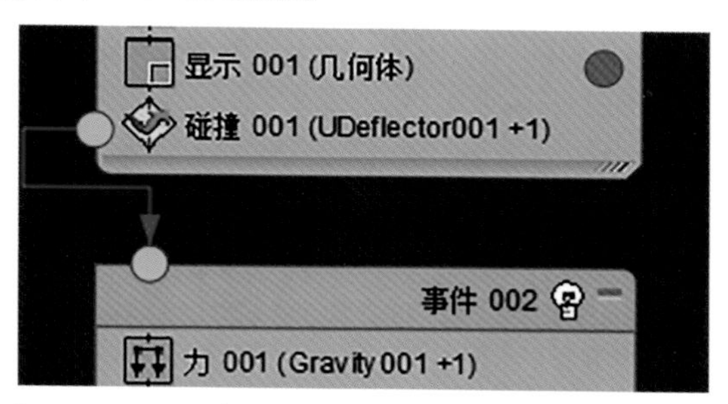

图1-3-11　事件002和事件001的连接状态

10 在事件002中选择力，在它的属性面板中再次拖动时间滑块测试，可以看到“开场了”碰上“三维动画”后就会有粒子飞出来，但是飞出去的方向太平直了不够理想，我们在场景中添加风力并把它拾取到粒子视图事件002的力的属性中，并修改力的影响值为200，状态如图1-3-12所示。

图1-3-12　力的属性参数设置

测试场景，如果效果还不够理想，可以选择重力和风力在修改面板下分别调整它们的值，参数设置重力如图1-3-13所示，风力如图1-3-14所示。

图1-3-13　重力参数设置

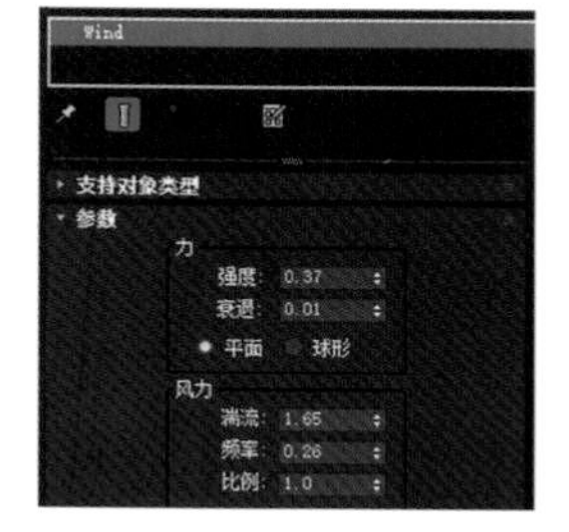

图1-3-14　风力参数设置

11 调整完成以后，粒子随着文字移动遇到三维动画后向上飞散开，接下来制作“开场了”文字移动位置后粒子聚集到文字上的动画。在这段动画里面我们要用到事件库中的查找目标。首先在顶视图创建一个导向板，大小和位置与作为地面的模型重叠，这个导向板要碰撞的粒子是事件002中的粒子受重力影响落地后的粒子。打开粒子视图在事件002中添加一个碰撞事件，在碰撞的属性中把新创建的导向器2拾取进来。

12 在粒子视图中的事件库中找到查找目标，拖到空白处生成事件003并把事件003和事件002中的碰撞连接，状态如图1–3–15所示。

图 1–3–15　三个事件的连接状态

13 选择事件003中的查找目标，在属性面板中的目标选项卡里把“开场了”文字拾取进来。如图1–3–16所示

图 1–3–16　查找属性设置

14 现在拖动时间滑块测试场景，粒子动画按我们的想法完成了。接下来，需要把粒子的形状和材质进行完善。打开粒子视图，在事件 001 中加入静态事件并指定给它一个材质球 07，在场景中按下 M 键打开材质编辑器设置 07 材质球的参数如图 1-3-17 所示。

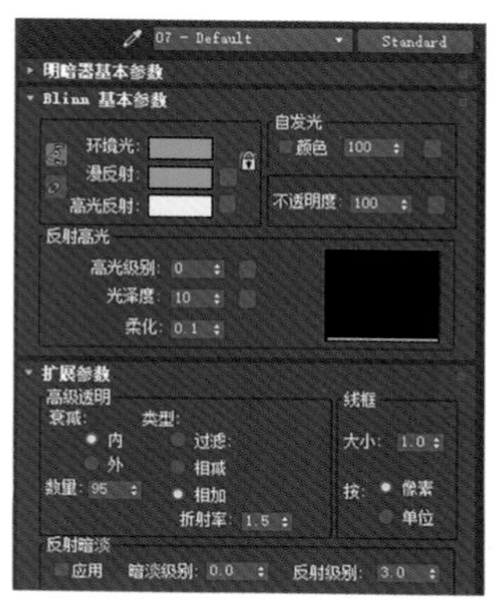

图 1-3-17　材质球 07 的参数设置

15 在粒子视图中，把事件 001 中的材质静态复制到事件 002 中，这样事件 002 中粒子的材质就和事件 001 中一样了，接着在事件 002 中添加形状，并修改属性参数，状态如图 1-3-18 所示。

图 1-3-18　事件 002 中形状属性参数设置

16 为事件 002 中再添加一个显示，参数设置如图 1-3-19 所示。

图 1-3-19　事件 002 中显示属性参数设置

17 把事件 002 中的形状、显示、材质静态分别复制到事件 003 中，完成粒子的美化的效果。此时粒子流源 001 的粒子视图显示状态如图 1-3-20 所示。

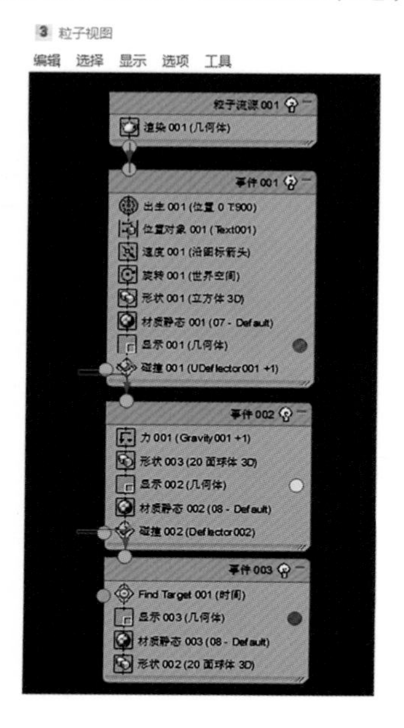

图 1-3-20　粒子流源 001 的参数

至此，我们的粒子动画制作完成，如果想让粒子在中间变色，可以在事件 003 中的材质静态属性中换一个材质球，设置成另外的材质。也可以尝试着修改形状的属性参数做出不同感觉的粒子效果。

任务四　摄影机动画制作

任务目标

掌握摄影机动画的制作方法。

知识链接

3ds max 摄影机位置动画的设置。

技能训练

01 打开任务三中制作好的场景，我们在前面的任务中已经在场景中创建了一个摄影机，所以现在在透视图中按下 C 键，转换到摄影机视图，并打开安全框，状态如图 1-4-1 所示。

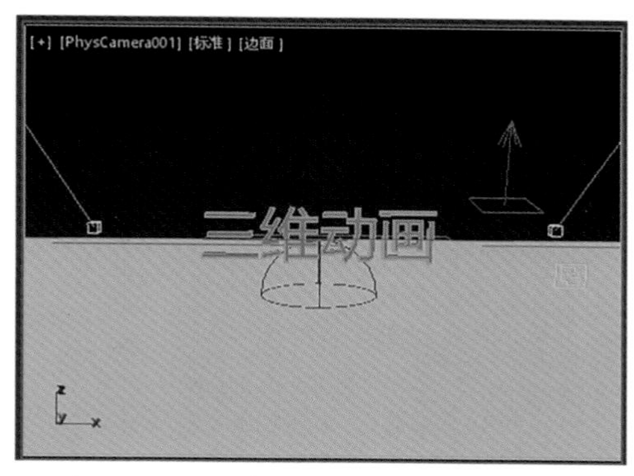

图 1-4-1　第 0 帧上的摄影机视图

02 我们在摄影机视图中播放动画会发现 260 帧到 280 帧之间精彩的粒子绽放我们看不到，为了让画面更精彩，需要设置摄影机的动画。在左视图中选择摄影机的目标点，把时间滑块拖动到第 260 帧，打开设置关键点模式，点击设置关键点按钮，左视图状态如图 1-4-2 所示。

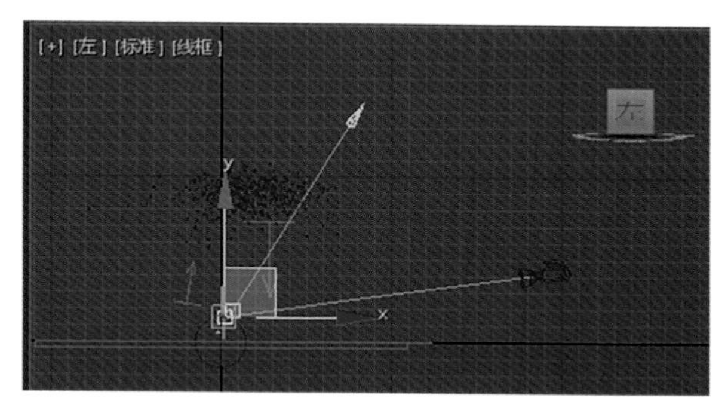

图 1-4-2　摄影机目标点在 260 帧的位置状态

03 把时间滑块拖动到第 279 帧，在左视图中沿 y 轴向上移动目标点，状态如图 1-4-3 所示。

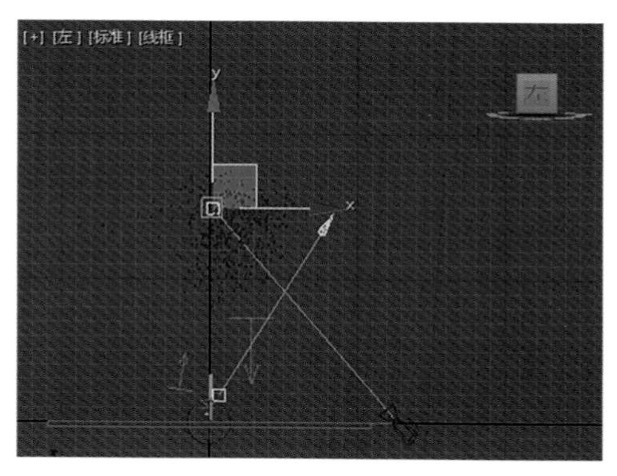

图 1-4-3　摄影机目标点在第 279 帧的位置状态

04 把时间滑块拖动到第 296 帧，在左视图中沿 y 轴向上移动目标点，参数如图 1-4-4 所示。

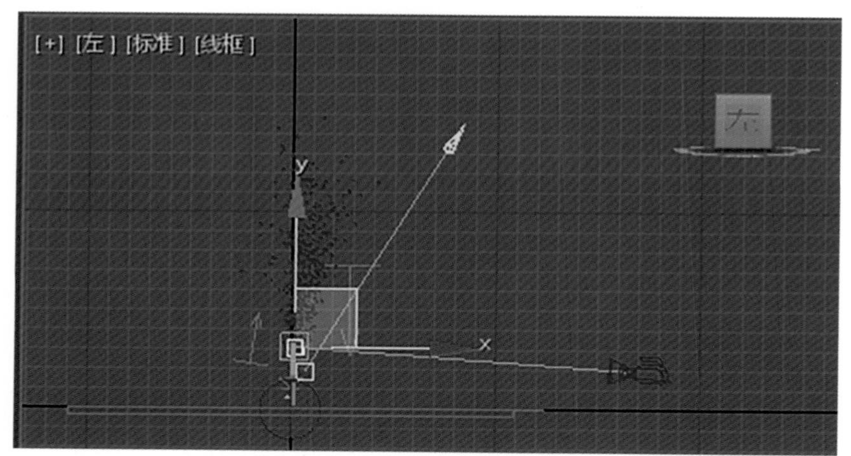

图 1-4-4 摄影机目标点在第 296 帧的位置状态

完成摄影机目标点动画，此时的目标点的时间线状态如图 1-4-5 所示。

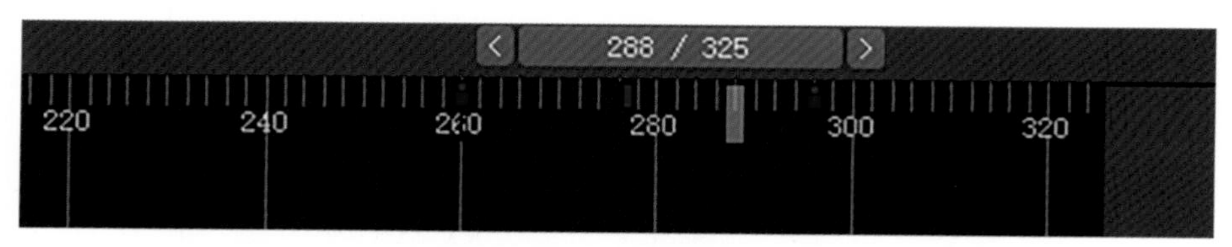

图 1-4-5 摄影机目标点动画完成的时间线状态

05 用同样的方法制作摄影机的关键点。位置状态参考图 1-4-2、图 1-4-3、图 1-4-4。完成设置后，在摄影机视图中播放动画，画面是充实的，基本达到了我们的要求，完成摄影机动画。

任务五 音乐素材的添加

任务目标

掌握音乐素材的添加方法。

知识链接

音乐素材的添加。

技能训练

音乐一般是放在后期合成软件中进行合成的，但是在动画制作的过程中，为了让动作和节奏配合得更贴切，会把音乐素材导入进来，听着节奏调节动画，接下来我们就进行音乐素材的导入。

01 打开任务四中制作好的场景，在时间线上打开迷你曲线编辑器，状态如图 1-5-1 所示。

图 1-5-1　迷你曲线编辑器

02 左键双击声音，调出专业声音对话框，状态如图 1-5-2 所示。

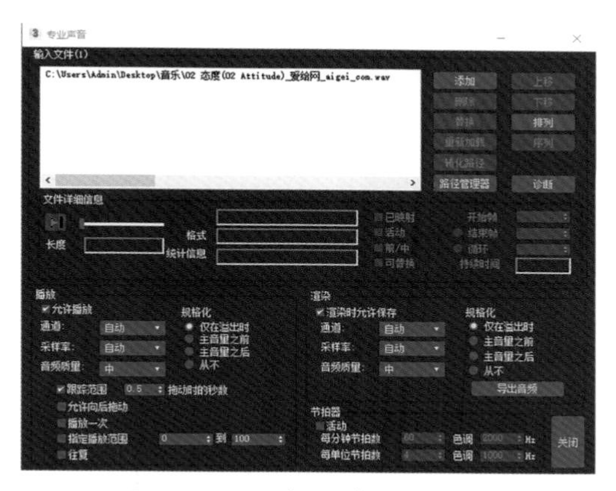

图 1-5-2　专业声音对话框

03 单击输入文件对话框右边的添加按钮，找到自己保存好的 wav 声音文件导入进来，关闭声音对话框。关闭迷你曲线编辑器，在时间线上单击鼠标右键，在调出的快捷菜单中选择配置中的显示声音轨迹，声音轨迹在时间线上显示出来，状态如图 1-5-3 所示。

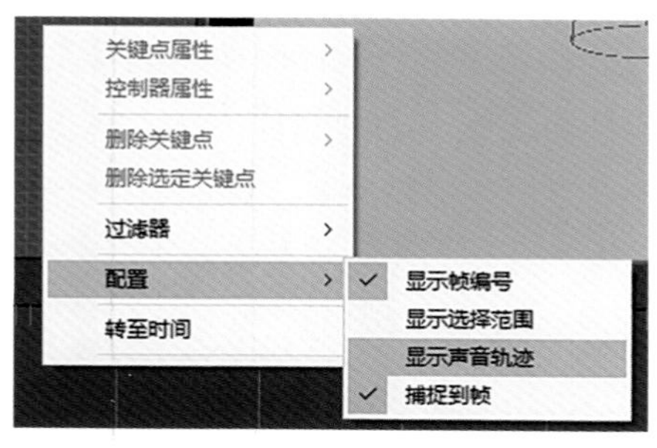

图 1-5-3　显示声音轨迹的选择

现在播放动画，会有音乐一起响起，根据音乐节奏对某些关键点再进行一些微调，使音画同步，画面节奏和音乐节奏完美配合。一般情况下，在三维动画制作中，3ds max 制作的动画会以序列图片的形式渲染输出，在后期软件中进行合成，但是一些小片段我们也可以直接从 max 中渲染输出成 avi 格式的播放文件，现在，我们就可以设置一下渲染参数，渲染出我们的第一个动画片段了。渲染输出设置参数如图 1–5–4 所示。文件保存设置如图 1–5–5 所示。

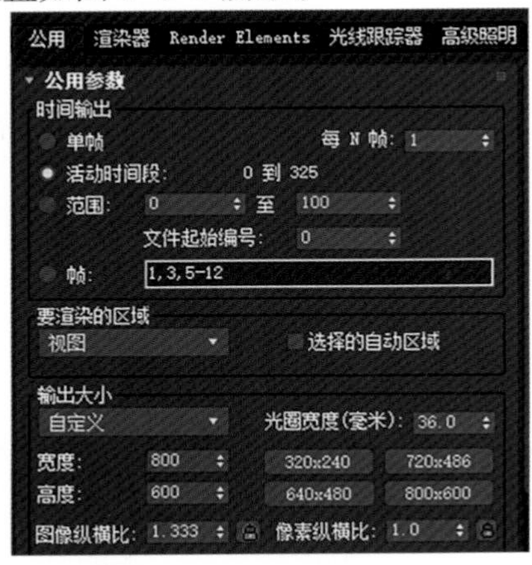

图 1–5–4　渲染设置的时间输出及输出大小设置

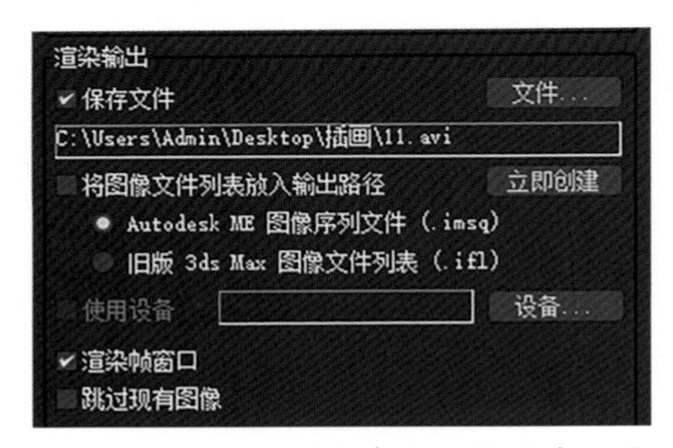

图 1–5–5　渲染设置中的文件保存设置

项目小结

通过本项目的学习，我们了解到 3ds max 动画的基本分类，掌握关键点动画、灯光动画、基本粒子动画及摄影机动画的制作方法，掌握了如何添加音乐素材，以及如何输出视频文件。希望你已经制作出来了你的第一个动画视频了。

拓展训练

根据所掌握知识点练习以上五个任务的制作，并试着利用相关知识点制作出属于自己的第一个动画视频。

项目二

撑花儿

项目分析

首先观看案例视频文件撑花儿 .avi，视频截图如图 2-1 所示。

图 2-1　撑花儿截图

通过观看视频，分析本案例中的元素，场景元素并不复杂，一把由开到合的伞，一些飘落的雪花，通过本项目的练习，我们将学习伞的开合动画，从而掌握对象关联参数的应用方法，通过雪花飘落的动画学习雪粒子的应用和空间扭曲绑定的方法。

知识目标

1. 了解关联参数设置的方法。
2. 了解布料系统的解算方法。
3. 了解雪粒子的应用方法。
4. 了解空间扭曲绑定的方法。

能力目标

1. 掌握利用关联参数设置动画的方法。
2. 掌握布料解算的动画制作方法。
3. 掌握雪粒子的制作方法。
4. 掌握空间扭曲绑定的方法。
5. 巩固灯光动画、摄影机动画和声音素材的应用。

任务一 伞骨动画

任务目标

通过伞骨动画的制作掌握对象关联参数应用，达到能利用对象的关联参数制作相关动画。

知识链接

1. 关联参数的创建。
2. 关联参数动画的制作。

技能训练

01 新建一个文件，修改单位设置为厘米，在制作动画之前我们先把场景模型准备好。制作一副伞骨，状态如图 2-1-1 所示。

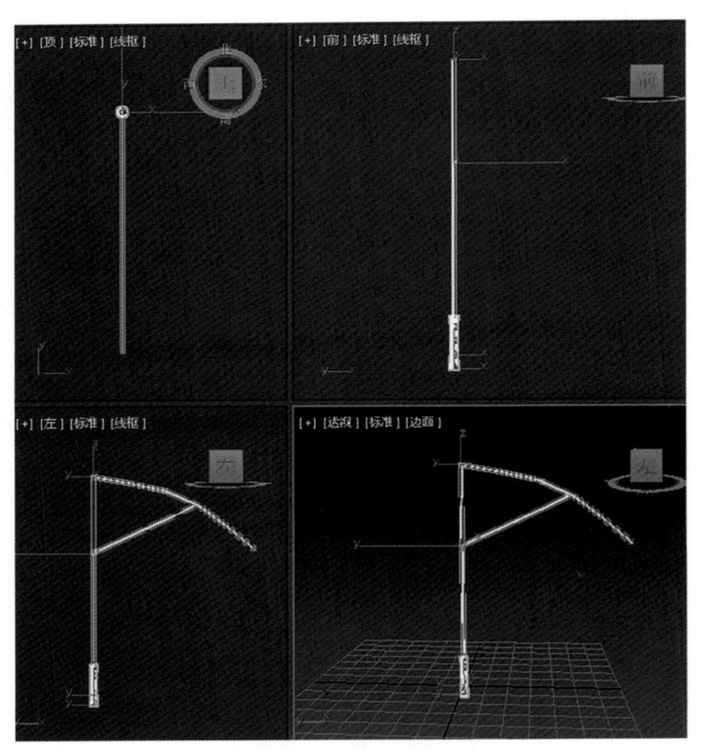

图 2-1-1 伞骨模型的状态

02 这副不完整的包括伞柄、伞柱、亲骨、推手、小骨，创建好模型后，用选择并链接工具连接他们的父子关系，层级状态如图 2–1–2 所示。

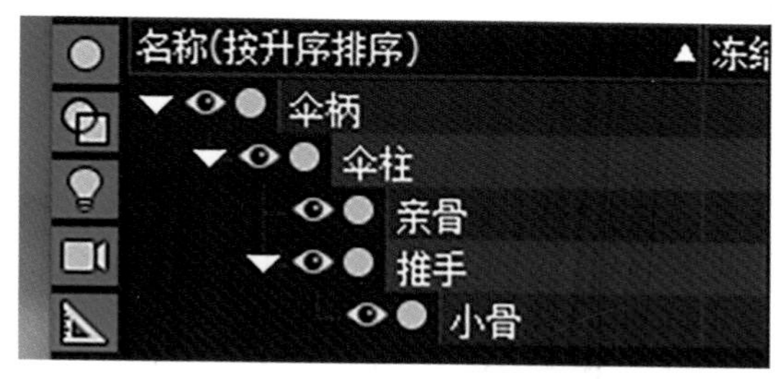

图 2–1–2 伞架模型间的层级关系

03 在伞开合这个动画里我们会上下移动推手，让推手带动小骨和亲骨旋转达到动画效果。那么先来做推手和小骨的关联。也就是让推手的 z 轴上的移动参数来关联控制小骨的 x 轴向上的旋转，操作方法是选择推物模型，单击鼠标右键在调出的右键快捷菜单下选择连接参数——变换——位置——z 轴位置，把鼠标移到小骨上单击变换——旋转——x 轴旋转，调出参数关联对话框，如图 2–1–3 所示。

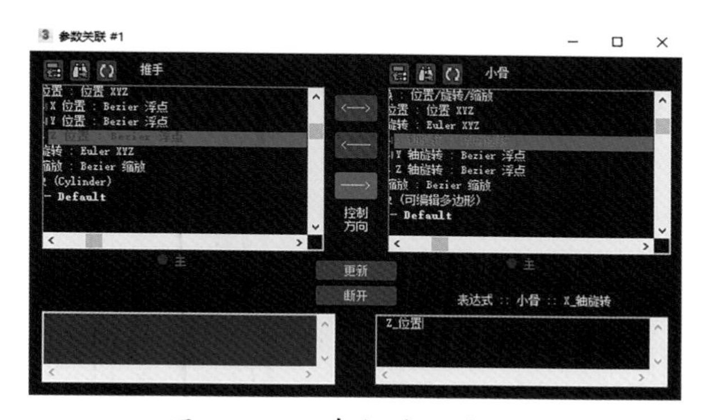

图 2–1–3 参数关联对话框

04 连接之后在场景中沿 z 轴上下移动推手模型会发现小骨模型虽然跟着旋转了，但是幅度太大，我们可以给它加一个函数控制减弱旋转量，如图 2–1–4 所示。

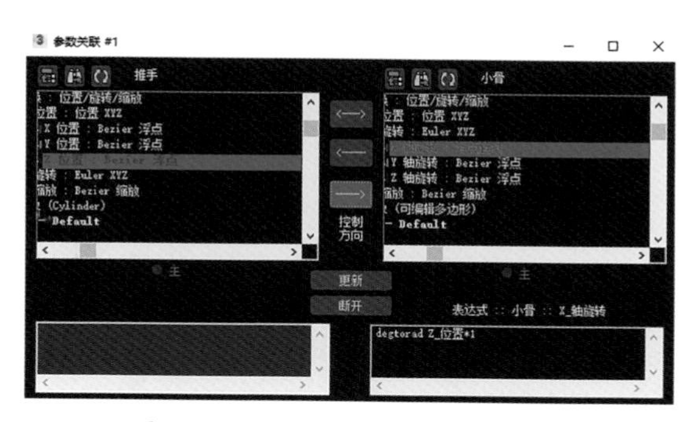

图 2–1–4 添加 degtorad 函数

修改后点击更新按钮，再次测试，移动推手小骨模型正确旋转了，状态如图2-1-5所示。

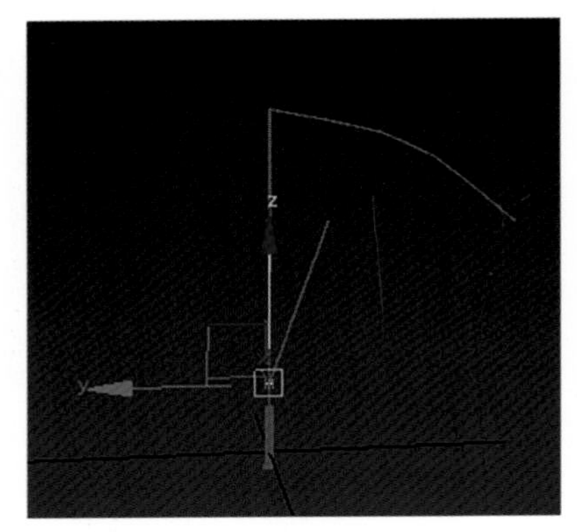

图 2-1-5　完成参数关联的小骨跟动

05 用同样的方法建立推手在 z 轴上的位置，移动与亲骨在 x 轴上的旋转的关联，完成关联后，沿 z 轴向下移动推手模型，小骨和亲骨会跟着旋转，状态如图 2-1-6 所示。

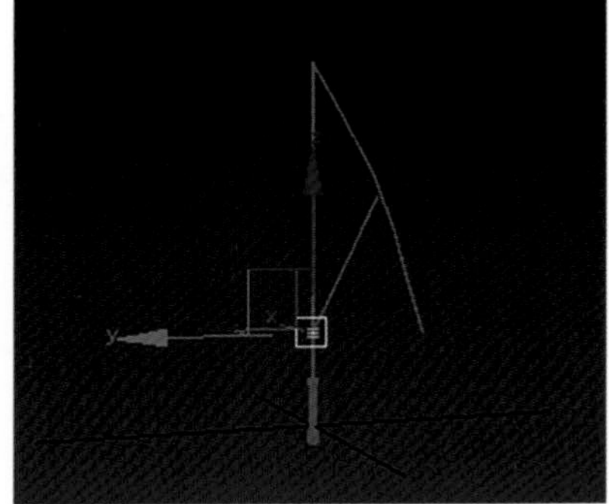

图 2-1-6　完成参数关联的亲骨跟动

06 一组伞骨的动画完成后，我们可以把剩下的伞骨复制出来，框选小骨和亲骨，打开角度旋转开关，在顶视图旋转复制出来五组，完成的伞架的状态如图2-1-7所示。

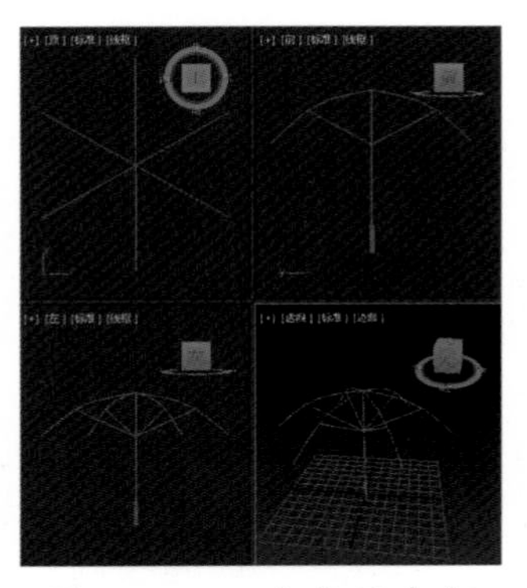

图 2-1-7　完成的伞架

07 现在选择推手模型，沿 z 轴向下移动伞骨就合了起来，这样我们就可以通过设置推手的关键点来完成伞合上的动画。打开时间线上的自动关键点模式，把时间滑块移动到第 96 帧，选择推手沿 z 轴向下移动到合适位置，按下播放按钮伞合的动画完成，状态如图 2-1-8、图 2-1-9 所示。

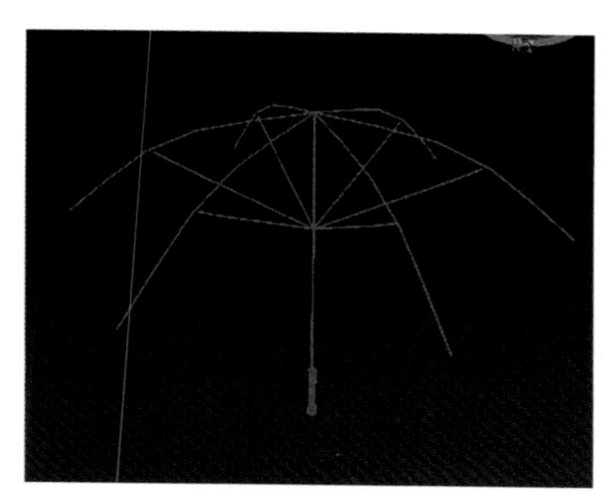

图 2-1-8　第 0 帧伞架状态

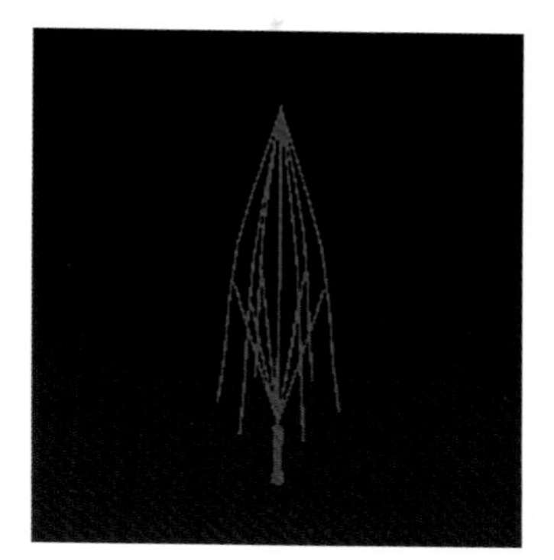

图 2-1-9　第 96 帧伞架状态

任务二　伞面动画

任务目标

本任务通过伞面动画的制作掌握 ncloth 修改器和 cloth 修改器布料系统的解算方法，以及一些布料制作上的技巧，达到能够制作一般布料动画的能力。

知识链接

1. 布料系统的应用。
2. 时间线的加长方法。

技能训练

01 制作伞面动画我们分两个步骤来完成，首先是用 ncloth 修改器来制作伞面模型，第二步是用 cloth 修改器来解算伞合上的动画。现在先来制作伞面模型。打开任务一中制作好的伞架场景，制作伞面我们用平面加一个布料修改器来实现，平面要转换成伞面状态的布料需要一个模拟过程，在第一个任务中我们制作的伞合起来的动画是从第 0 帧开始合起来的，所以，要让撑开的伞有个停留的时间就需要在第 0 帧前加一些时间，点击时间线上的时间配置按钮，打开时间配置对话框，把动画

的开始时间修改为 -24，结束时间修改为 172，参数设置如图 2-2-1 所示。

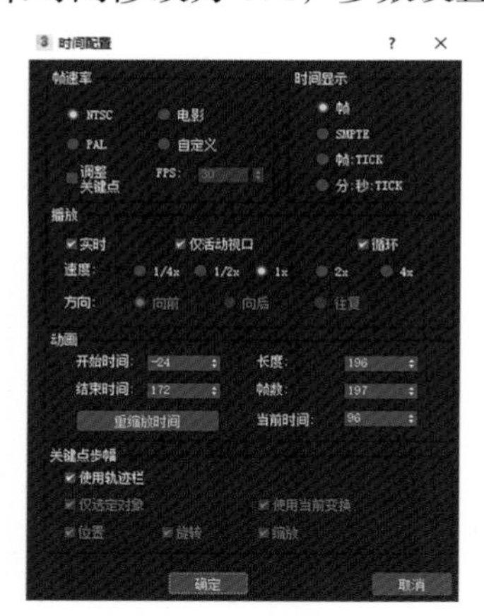

图 2-2-1　时间配置参数设置

02 点击确定按钮后，时间线上会从 -24 帧显示到 172 帧，把时间滑块移动到第 -24 帧，在顶视图创建一个长宽相等的平面，大小要稍微超出伞骨一点，分段要适当多些，状态如图 2-2-2 所示。

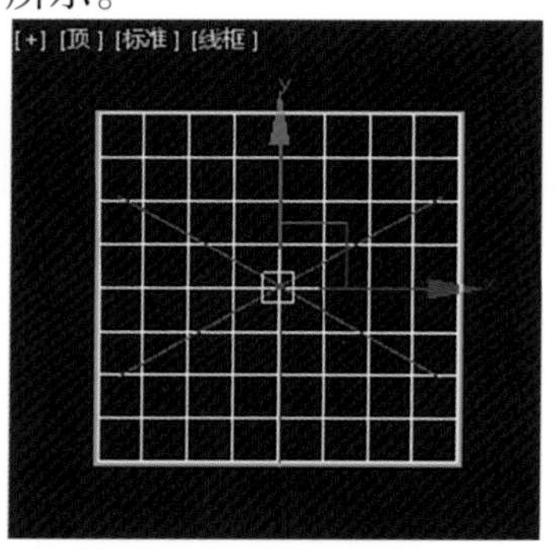

图 2-2-2　创建作为伞面的平面

03 反平面转换为可编辑多边形，按下键盘上的 Ctrl+C 键进行细化，进入平面的顶点级别打开软选择四个角的顶点，适当缩粘，把方形平面调整成圆形，状态如图 2-2-3 所示。

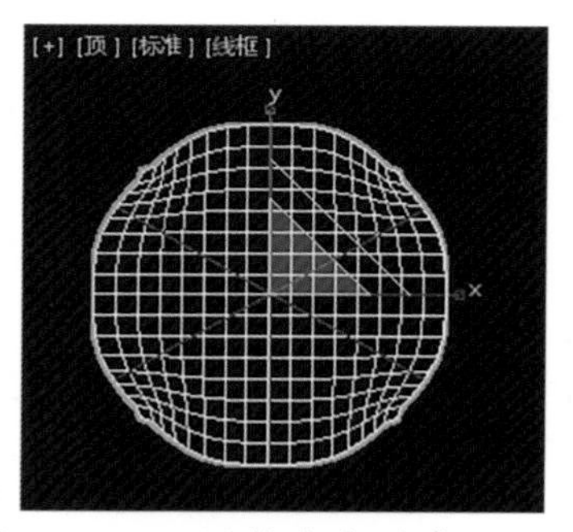

图 2-2-3　调整完成的伞面平面

04 选择伞面，添加 ncloth 修改器，状态如图 2-2-5 所示。

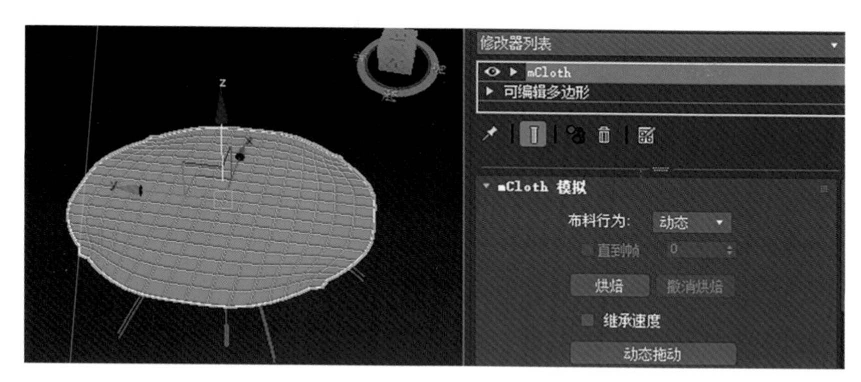

图 2-2-4　添加 ncloth 修改器

05 在场景中选择所有的伞骨模型复制出来一组并孤立出来，把它们附加成一个对象命名为“伞架”。退出孤立模式，选择“伞架”添一个静态刚体修改器，按钮位置状态如图 2-2-5 所示，效果如图 2-2-6 所示。

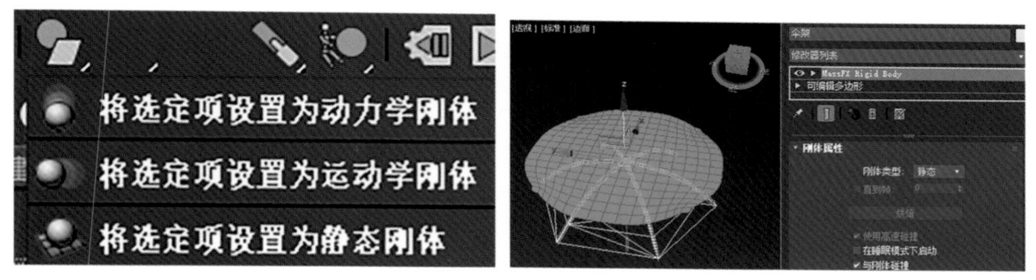

图 2-2-5　静态刚体按钮位置　　　图 2-2-6　把伞架设置为静态刚体后

06 选择平面，点击烘焙按钮，状态如图 2-2-7 所示。

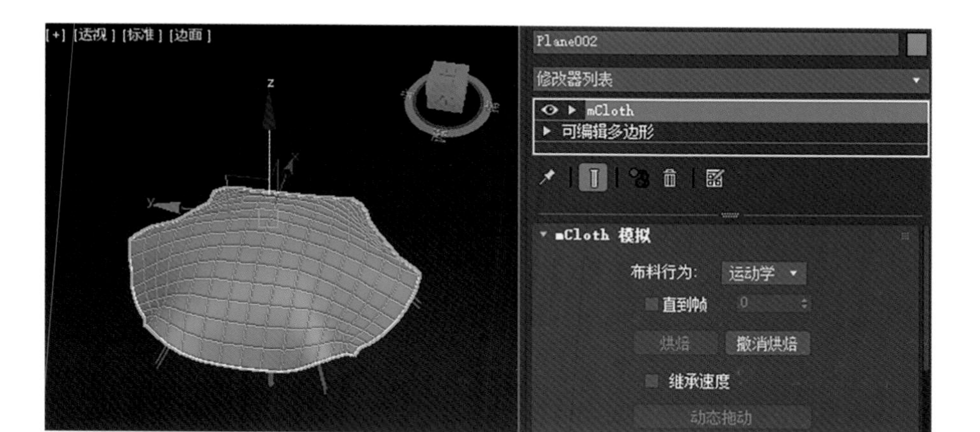

图 2-2-7　烘焙布料

07 伞面和伞架贴合得并不好，是因为伞面网格不够多，所以返回重新细化网格再次烘焙，得到理想的效果。截取关键点，只保留烘焙最终效果，如图 2-2-8 所示。

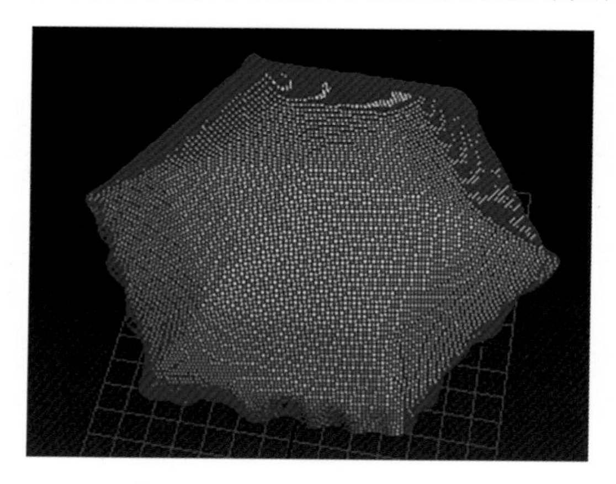

图 2-2-8　烘焙完成的伞面

伞面的精细程度取决于电脑的计算能力，所以应用布料系统需要电脑配置相对高些。

08 完成伞面模型的制作以后我们要进行伞合上的动画制作了，为了防止意外把文件另存一下很有必要。保存好文件后，选择伞面模型转换为可编辑多边形，把时间滑块移动到第 0 帧。伞合上的动画我们用 cloth 修改器来模拟完成，它的原理是用一块布料物体和若干个碰撞物体进行物理解算得到动画效果。那么在我们这个场景里面，伞面就是布料物体，伞架是碰撞物体，在 ncloth 修改器的解算中我们把伞架附加在一起添加了一个静态刚体修改器，但是在伞合上的动画中如果把所有的伞骨附加到一起它们原来的动画效果就会出现错误，所以在接下来的动画过程中我们会把需要和伞面碰撞的所有伞骨逐一添加到碰撞体中，因为这些碰撞体太细小，当伞合上时布料的解算有可能产生错误，所以我们需要制作一个伞合上后与伞面碰撞的物体，在顶视图创建一个边数为 8 的圆柱体修改成如图 2-2-9 所示的状态。

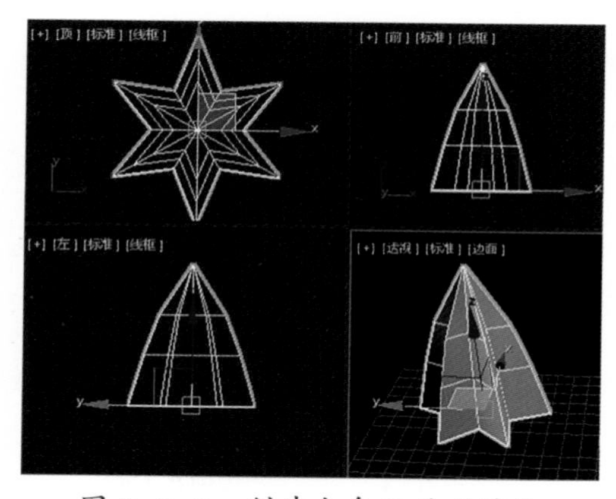

图 2-2-9　创建合伞后的碰撞体

这个碰撞体和伞面的位置关系在顶视图和前视图的状态如图 2–2–10 所示。

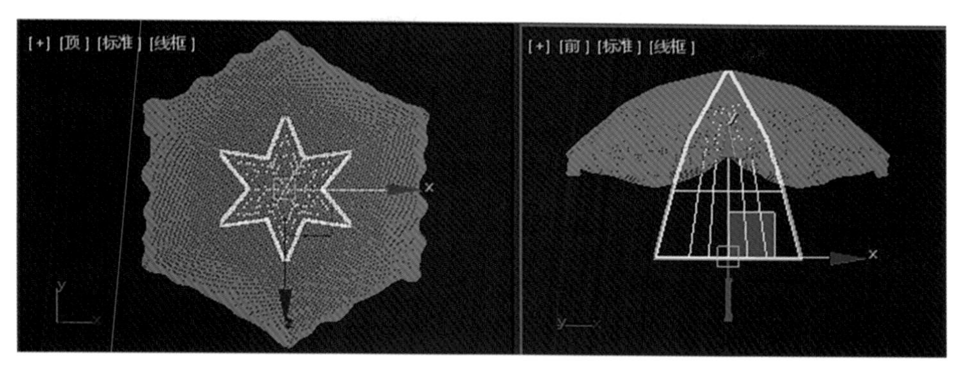

图 2–2–10　碰撞体和伞面的位置关系

09 选择伞面模型添加 cloth 修改器，在修改面板下点击对象属性按钮，调出对象属性对话框，点击添加对象按钮，把需要和伞面碰撞的伞骨以及上一步中制作的碰撞体拾取进来，设置为冲突对象，状态如图 2–2–11 所示。

图 2–2–11　设置冲突对象

选择伞面设置为布料，状态如图 2–2–12 所示。

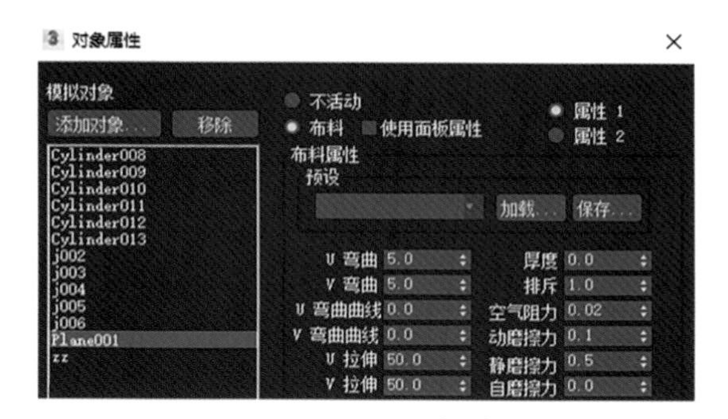

图 2–2–12　设置布料对象

10 点击确定按钮后，在修改面板下，找到模拟参数，打开自相冲突，参数设置如图 2-2-13 所示。

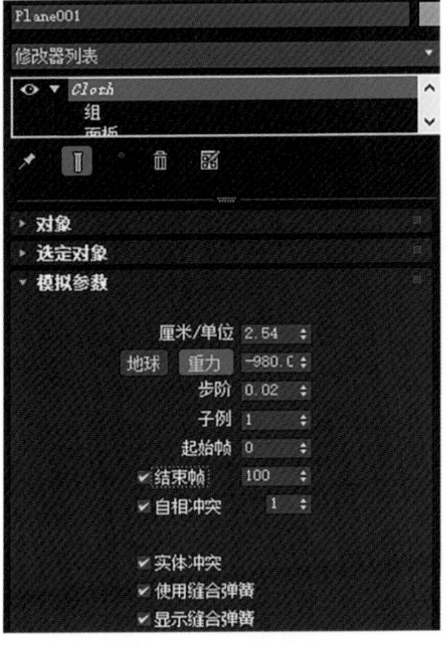

图 2-2-13 模拟参数的设置

11 点击模拟，经过系统的模拟解算后，我们可以看到伞面随着伞架合上的动画。如果解算的不理想，可以通过修改对象属性对话框中冲突对象的冲突属性进行优化。现在我们把最后制作的碰撞体隐藏起来，就可以播放动画了。如果想得到伞打开的动画，可以选择推手模型，在时间线上把它的两个关键点交换位置实现打开伞的动画。还可以把第 0 帧复制到第 120 帧，重新解算布料，可以得到伞合上又打开的动画。伞的动画制作完成。

任务三 雪花飘散

任务目标

本任务中我们通过对雪粒子的学习，掌握雪花动画的创建、雪花材质的制作以及空间扭曲绑定的方法。

知识链接

1. 雪粒子的创建。
2. 雪花材质的制作。

3. 空间扭曲绑定。

技能训练

01 打开任务二中制作的伞动画场景文件，在顶视图中创建一个雪粒子，位置状态如图 2-3-1 所示。

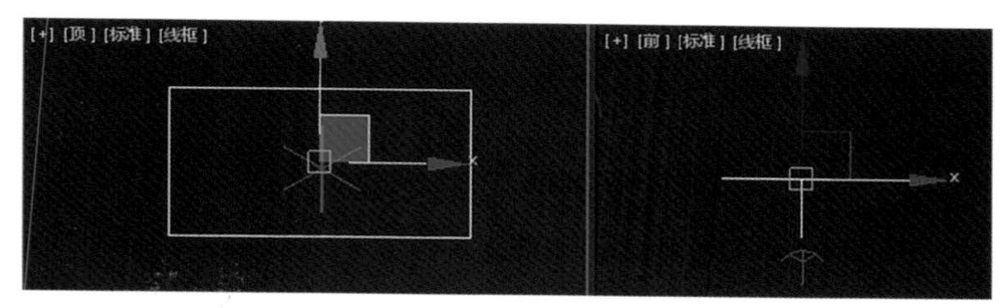

图 2-3-1　雪粒子的位置状态

02 在修改面板下修改参数卷展栏下的视口计数、渲染计数以及计时参数，如图 2-3-2 所示。

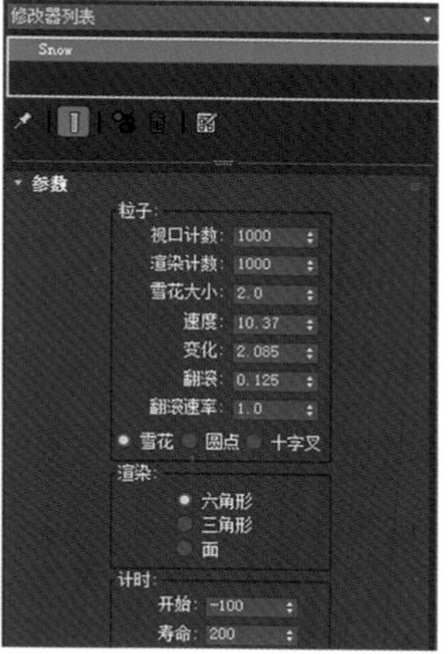

图 2-3-2　雪粒子参数设置

03 现在播放动画在伞合上的过程中雪花落下，但是落得太规则了。为了打破规则性，我们可以在场景中创建一个风力并调整风的参数，状态如图 2-3-3 所示。

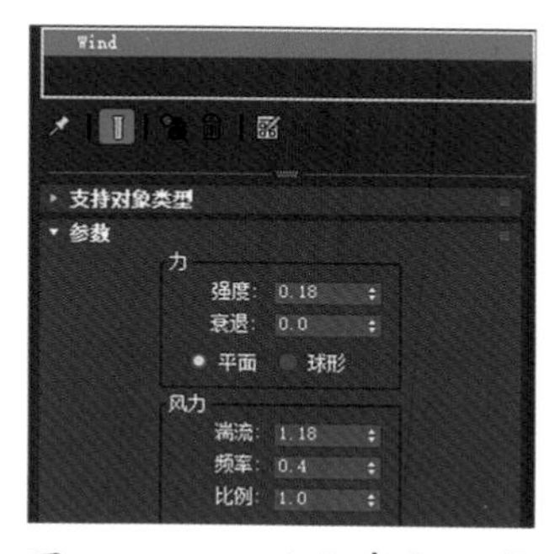

图 2-3-3　风力参数调整

04 这时候播放动画，风对雪粒子并没有起到作用，需要在主工具栏中找到并点击绑定到空间扭曲工具，在场景中点击风力图标，按着不松开左键，把鼠标移动一雪粒子图标上，松开左键，建立风力与雪粒子的绑定，再次播放动画，雪花飘舞开来，状态如图 2–3–4 所示。

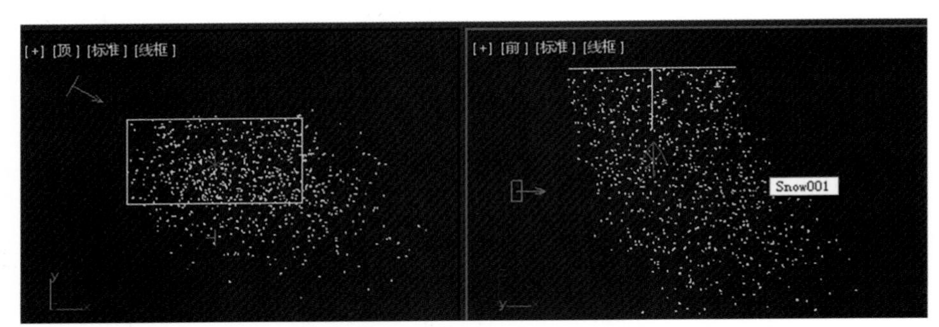

图 2–3–4　空间扭曲绑定完成

05 现在制作雪花材质。选择一个材质球，命名为雪，基本参数设置如图 2–3–5 所示。

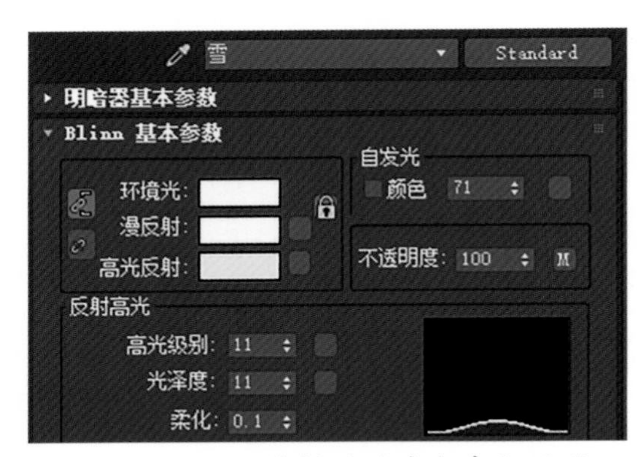

图 2–3–5　雪花材质的基本参数设置

为了让雪花的白色边缘柔化一些，可以修改一下扩展参数，设置如图 2–3–6 所示。

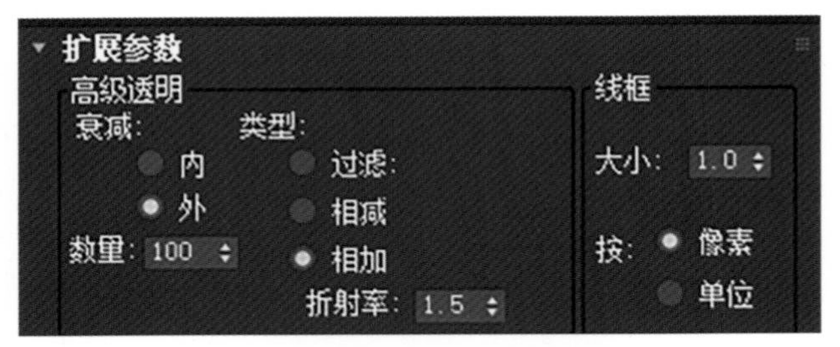

图 2–3–6　雪花的扩展参数设置

为了让雪花周围更虚化些，我们可以在不透明通道里面添加一个渐变贴图，渐变参数设置如图 2–3–7 所示。

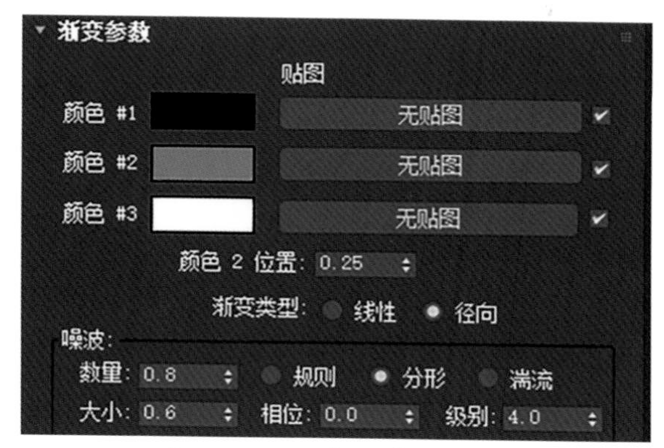

图 2-3-7　渐变参数设置

最后，我们添上声音素材，加上适当的灯光创建合理的摄影机，完成动画的渲染，最终场景各种对象的位置状态如图 2-3-8 所示。

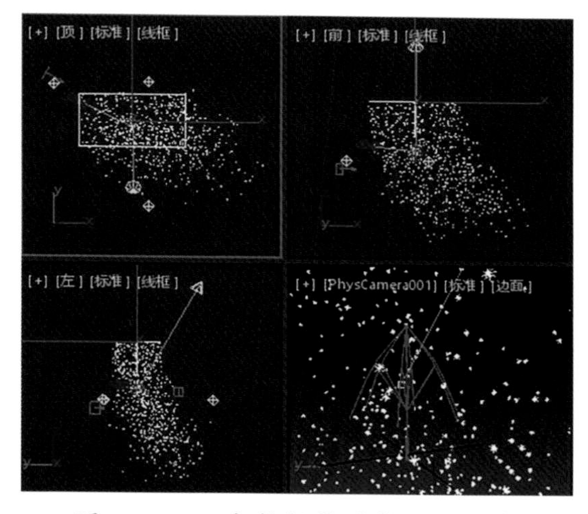

图 2-3-8　完整场景对象位置状态

项目小结

通过本项目的制作，我们系统地学习了对象关联参数的设置方法，以及相关动画制作方法；ncloth 修改器和 cloth 修改器两种类型的布料解算方法，以及动画的生成方法；雪粒子的创建及与风力的空间扭曲绑定方法配合以前学习的声音素材的添加和摄影机及灯光动画，可以制作出更加复杂的动画。这些技能你都掌握了吗？

拓展训练

完成项目二的动画的制作并根据所掌握的知识点进行拓展动画的制作练习。

项目三

我的地盘儿

项目分析

首先观看案例视频文件精灵 .avi，视频截图如图 3–1 所示。

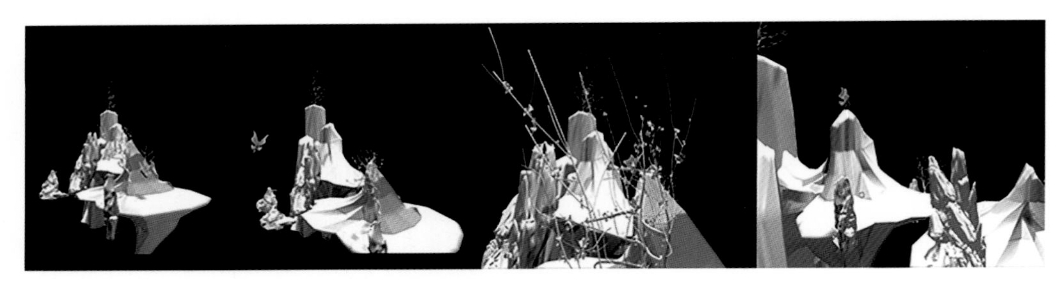

图 3–1　精灵截图

通过观看视频，分析本案例中的元素，在本场景中有角色元素参与，相对前面案例来说，有点儿复杂，人物角色、翅膀、翅膀尽出去的泡泡，通过本项目的练习，我们将掌握二足角色对象的骨骼绑定及简单动画，以及弯曲修改器动画、自由源粒子的应用方法。

知识目标

1. 掌握二足角色骨骼设计的方法。
2. 掌握二足角色骨骼绑定的方法。
3. 掌握蒙皮权重的调整方法。
4. 掌握二足角色简单动画的调节方法。

能力目标

1. 能够进行二足角色骨骼设计。
2. 能够进行二足角色骨骼绑定。
3. 能够制作简单二足角色动画。
4. 能够使用弯曲修改器制作相应的动画。
5. 能够制作简单的自由源粒子动画。

任务一　精灵骨骼设计

任务目标

通过精灵骨骼设计的制作掌握二足角色骨骼的设计思路及设计创建方法，掌握bone骨骼的特点。

知识链接

1.bone骨骼的创建方法及特点。

2. 二足角色骨骼设计。

技能训练

我们在创建骨骼之前先进行骨骼的设计分析。在三维动画制作中，人的骨骼是以盆腔为中心，下肢骨骼向下生长，躯干骨骼是向上生长的，这些骨骼需要由一根根骨骼来控制，根骨骼在整个角色的重心点上，最好大致先在纸上记录一下，骨骼怎么分配，然后再开始在软件中创建。我们在这个案例中的制作顺序是，先创建根骨骼，再创建下肢骨骼，接着创建躯干骨骼。

01 新建一个文件，修改单位设置为厘米，在制作动画之前我们先把场景模型准备好。制作案例中精灵模型，完成的模型轴心点放置在双脚间的角色直立重心点上，并调到世界中心，把角色模型透明显示，冻结，状态如图3-1-1所示。

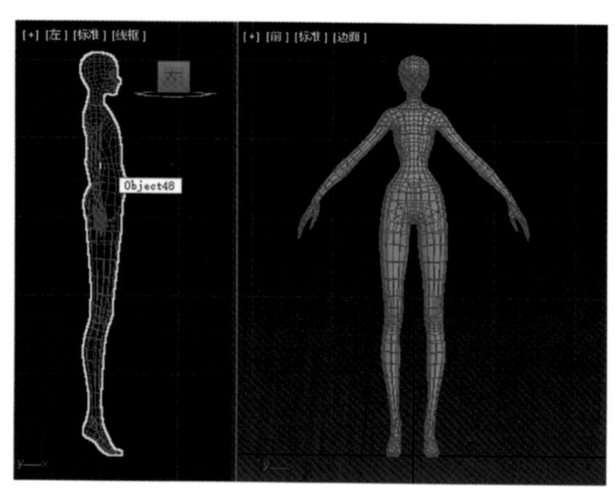

图3-1-1　精灵模型的初始状态

02 在左视图中，由上至下创建一根骨骼作为整个角色的根骨骼来控制全身骨骼，状态如图 3–1–2 所示。

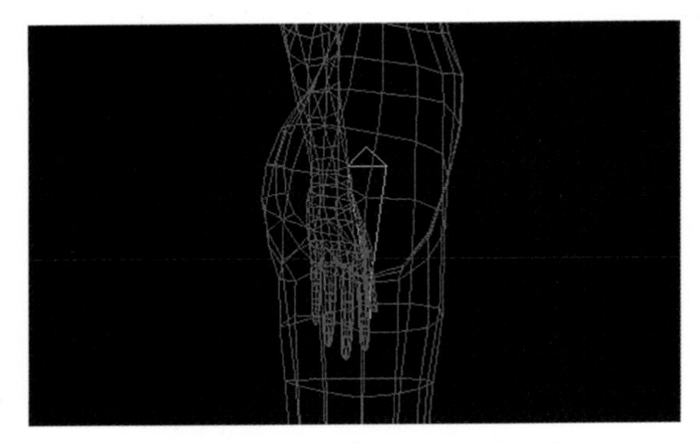

图 3–1–2　根骨骼的位置状态

03 在左视图中创建腿部骨骼，在透视图中观看，会发现它在身体的中间位置，把它移动到左腿内部，状态如图 3–1–3 所示。

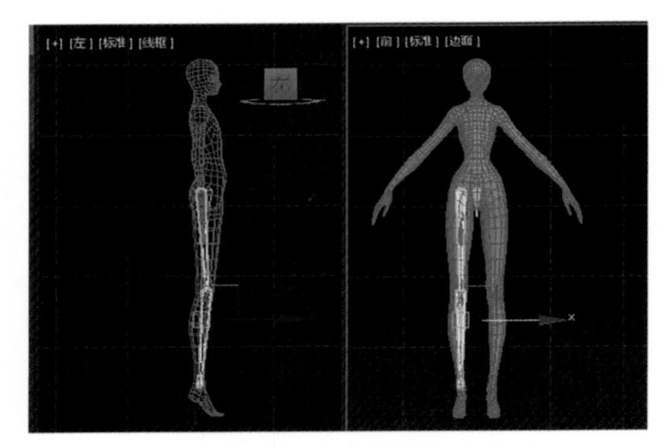

图 3–1–3　腿部骨骼的位置

04 在动画菜单下点击骨骼工具按扭，调出骨骼工具对话框，点击骨骼编辑模式按钮进入骨骼编辑模式如图 3–1–4 所示。

图 3–1–4　骨骼工具对话框

05 在透视图中调整腿部骨骼的位置，在骨骼的修改面板中，把每块骨骼的鳍的参数都设置好，大小要适合模型，不要超出模型太多或比模型小太多，展开鳍的作用是在蒙皮的时候骨骼的权重自动分配得更合理，完成状态如图 3–1–5 所示。

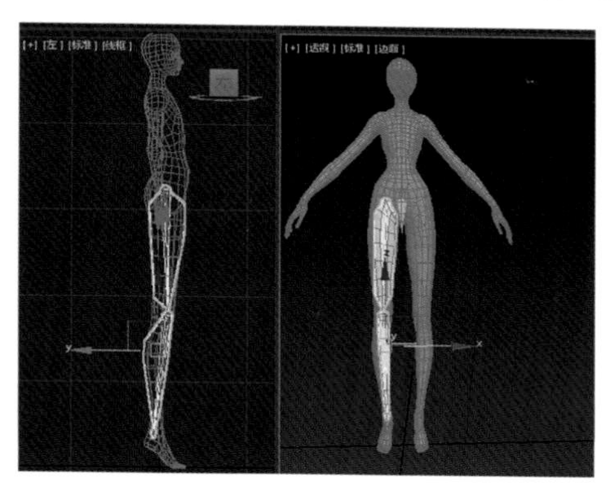

图 3–1–5　腿部骨骼调整完成状态

06 在左视图中制作脚部的骨骼，状态如图 3–1–6 所示。

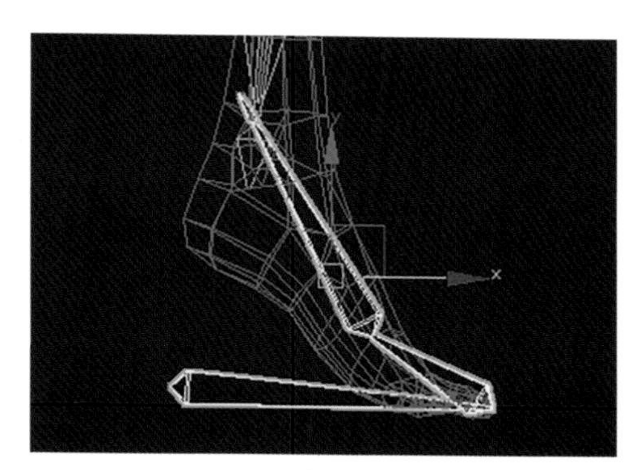

图 3–1–6　脚部的骨骼创建

07 在透视图中把脚部的骨骼整体移动左脚模型内部，然后进入骨骼编辑模式下，选择脚部末端骨骼，对齐到腿部末端骨骼，状态如图 3–1–7 所示。

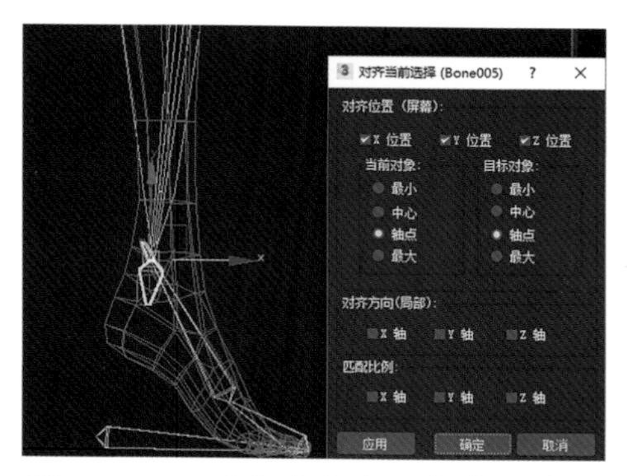

图 3–1–7　对齐脚部和腿部末端骨骼

08 点击对齐后，选择脚部的第二根骨骼断开，选择第三根骨骼断开，打开图解视图，可以看到脚部骨骼的层级关系，如图 3–1–8 所示。

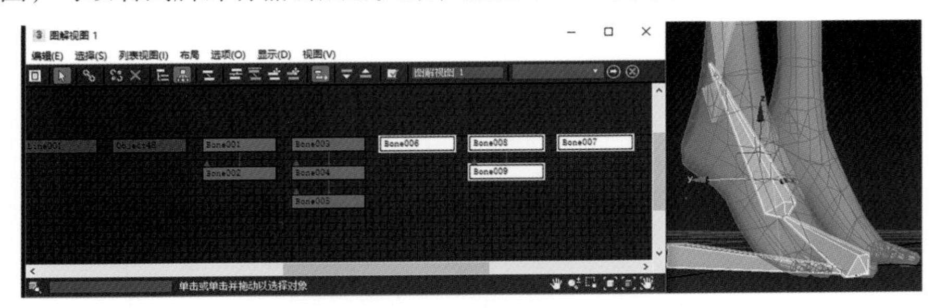

图 3–1–8　脚部骨骼的层级关系

09 选择第二根骨骼沿 x 轴镜像操作，把镜像的第二根骨骼以轴心到轴心的方式对齐到第三根骨骼，利用选择并链接工具，把脚部的骨骼重新链接，把脚部的第二根骨骼链接给第一根骨骼，把第三根骨骼也链接给第一根骨骼，状态如图 3–1–9 所示。

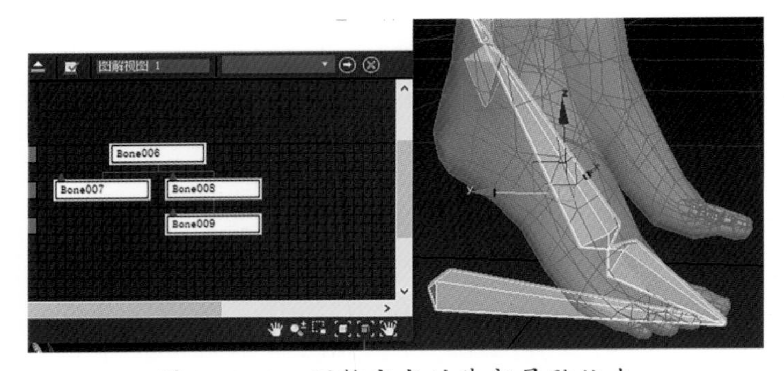

图 3–1–9　调整完成的脚部骨骼状态

10 切换为世界坐标系统，并切换为世界坐标点，这样轴点会转到世界坐标原点，双击选择腿部骨骼，镜像复制出右腿骨骼，同样的方法复制出右脚的骨骼，完成下肢骨骼的创建，状态如图 3–1–10 所示。

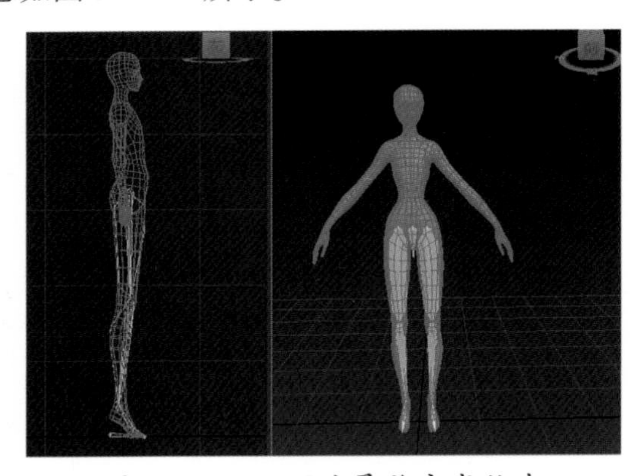

图 3–1–10　下肢骨骼完成状态

11 现在创建躯干骨骼。把左视图切换成右视图，角色骨骼在创建的时候，垂直于地面的骨骼需要前鳍朝向模型的前面，平行于地面的骨骼需要前鳍朝向上面，这样在进行绑定解算的时候才不会出现错误，所以向下创建的骨骼在左视图创建正好是前鳍向前，那么向上创建的骨骼就要切换到右视图，在右视图中向上创建脊椎骨骼，进入骨骼编辑模式，调整好骨骼的位置，并把鳍展开，完成的状态如图 3-1-11 所示。

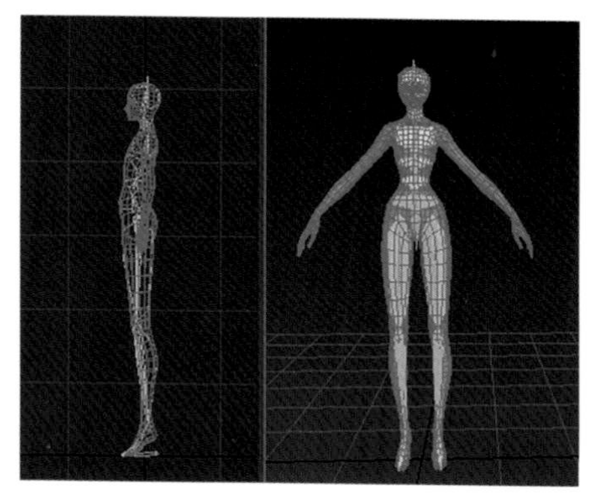

图 3-1-11　脊椎骨骼创建完成状态

12 在前视图中创建胳膊的骨骼，进入骨骼编辑模式进行调整，完成的状态如图 3-1-12 所示。

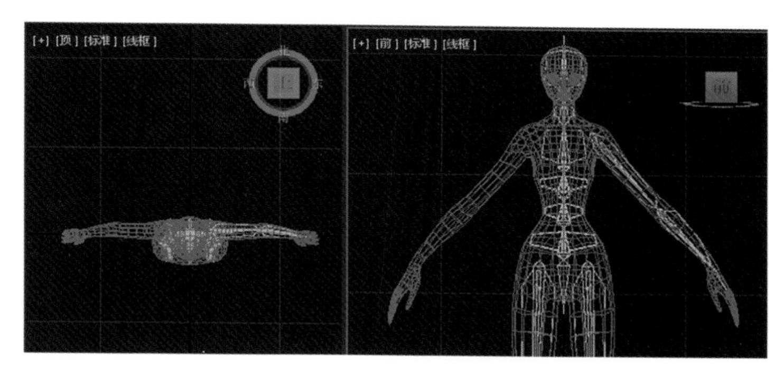

图 3-1-12　创建完成的胳膊骨骼

13 创建手部的骨骼，状态如图 3-1-13 所示。

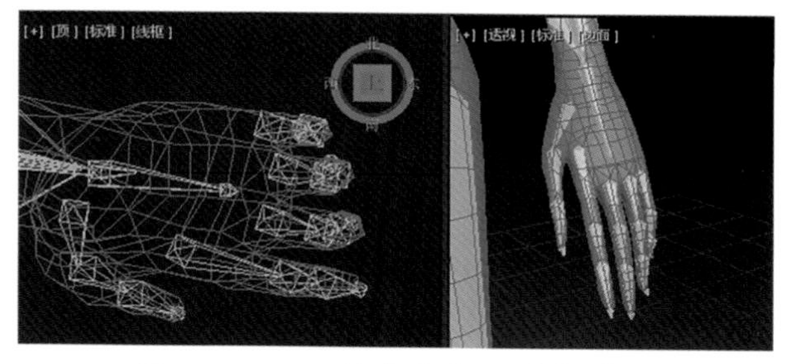

图 3-1-13　创建完成的手部骨骼

14 把胳膊骨骼和手部骨骼用第 10 步中的方法镜像复制出来，完成整个人体骨骼的创建，状态如图 3–1–14 所示。

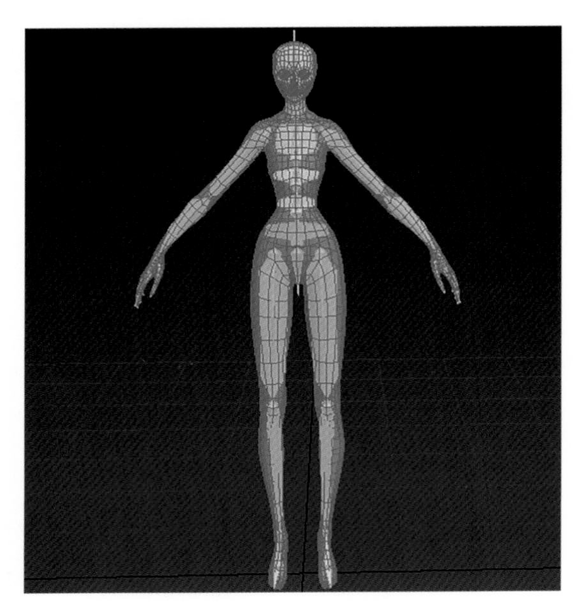

图 3–1–14　人体骨骼完成状态

15 为了后续的绑定工作更清晰，我们需要把骨骼重命名。一般情况下用英语或者拼音首字母来命名骨骼。完成后的骨骼名称状态如图 3–1–15 所示。

名称(按升序排序)　冻结
gg
ggm
zt1
zt2
zjb
yti
yt2
yjb
jz1
yb1
yb2
ybm
yz1
zb1
zb2
zbm
zz1

图 3–1–15　重命名骨骼名称示例

任务二　骨骼绑定

任务目标

通过本任务的学习掌握二足角色骨骼绑定的思路和方法。

知识链接

1. 控制器的制作。
2. 骨骼的绑定。

技能训练

我们创建的骨骼是在模型内部的，在调节动画的时候，如果去调整每一个骨骼的动画关键点是一个非常累的活儿，为了操作更轻松一些，在蒙皮之前，会先创建一些控制器，和骨骼进行绑定，然后蒙皮，进行动画调节。现在我们来制作控制器并进行绑定。

01 为了和模型的类型有所区别，控制器我们用二维图形来进行创建。在顶视图创建一个圆，对齐到根骨骼，并在它的修改面板下，勾选 [在渲染中启用] 和 [在视口中启用] 两个选项，并修改厚度参数，设置如图 3-2-1 所示。

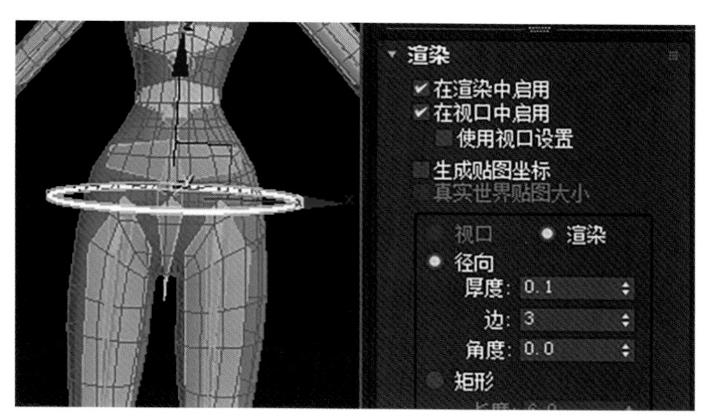

图 3-2-1　腰椎第一个控制器的设置

02 向上复制几个圆，分别对齐脊椎的每节骨骼，调整圆的半径，使它符合模型的外轮廓，以便选择，再复制两个对齐胳膊的第一根骨骼，对齐方式和前面的对齐方式稍有差别，自己试着看应该打开哪个方向上的更合理，最后的状态如图 3-2-2

所示。

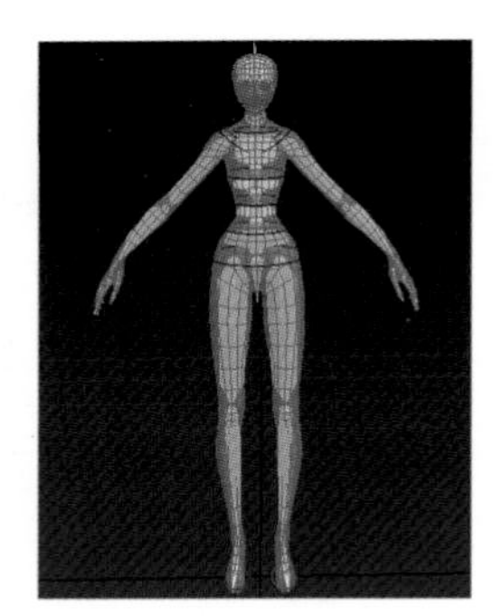

图 3-2-2　躯干部分的控制器完成状态

03 主体的控制器制作完成以后，开始绑定之前，要把所有的骨骼做一下父子连接。用选择并链接工具，把两个腿部的第一骨骼子给根骨骼，把腰椎的第一骨骼子给根骨骼，把两个胳膊的第一骨骼子给胸腔骨骼，把头部骨骼子给腰椎最后一根骨骼，把每个手指骨骼子给手掌骨骼，把手掌骨骼子给胳膊最后一根骨骼。做好连接后，移动根骨骼，除了脚部的骨骼外其他骰全部跟新旧移动。图解视图中的层级关系如图 3-2-3 所示。

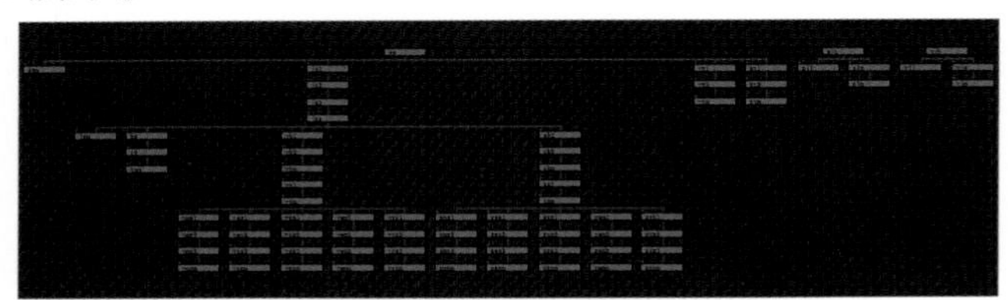

图 3-2-3　人体骨骼连接后的层级关系

04 现在我们从腿部骨骼开始绑定。先在顶视创建椭圆作为脚部的控制器，把它对齐脚底骨骼，并适当调整前后位置。选择腿部的第一根骨骼，点击 [动画] 菜单下 [IK 解算器] 下的 [IK 解算器]，接着点击腿部末端骨骼，生成 IK 解算手柄。状态如图 3-2-4 所示，移动这个手柄，腿部骨骼会进行弯曲。

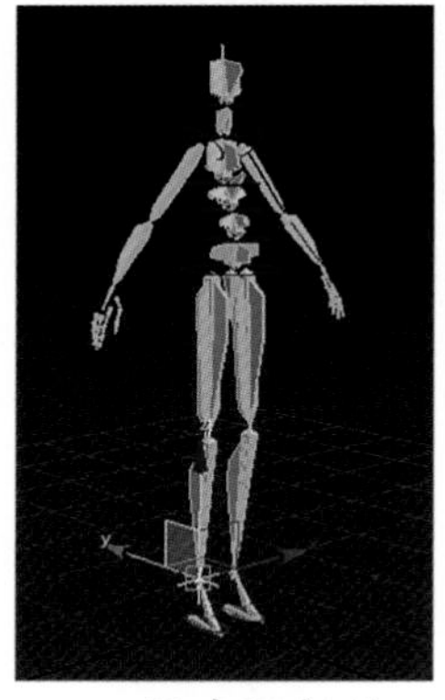

图 3-2-4　创建腿部的 IK 链接

05 用选择并链接工具把 IK 手柄子给脚后跟的末端骨骼，把脚底骨骼子给控制器，移动控制器，腿部跟动，状态如图 3–2–5 所示。

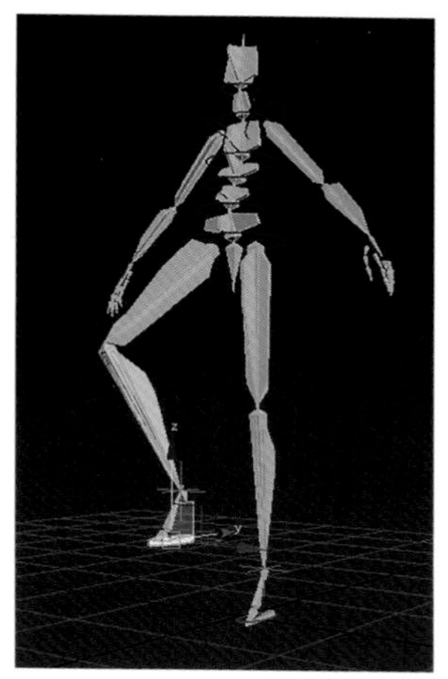

图 3–2–5　一只脚的控制器绑定完成的状态

06 把另一条腿和脚也做同样的绑定操作，完成后，向下移动根骨骼，人体模型可以进行下蹲了，状态如图 3–2–6 所示。

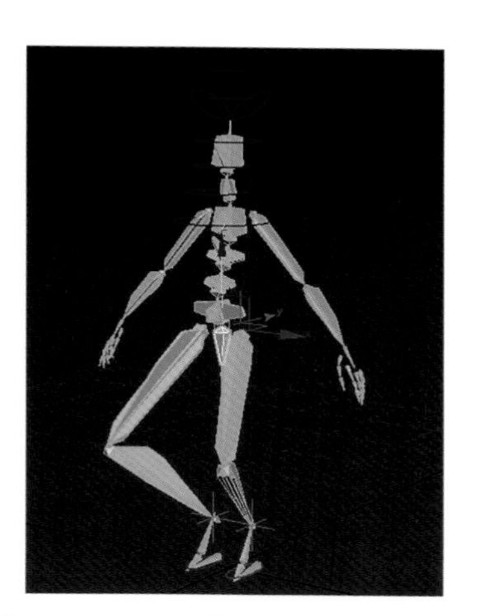

图 3–2–6　双脚的绑定完成状态

07 接下来制作脊椎的骨骼和控制器绑定。选择腰椎第一根骨骼（也就是躯干中向上的第一根骨骼），点击 [动画] 菜单下 [约束] 选项下的 [方向约束] 命令，在场景中拾取和它相对应的圆形控制器，建立方向约束，这时上半身的骨骼都会偏移，在它的运动面板中，勾选 [保持初使偏移] 选项，骨骼正确显示。用同样的方法对脊柱的每根骨骼和它们相对应的控制器进行方向约束。把脊椎控制器上子下父依次链接，这样腰部旋转可以带动胸腔和头部。然后绑定胳膊骨骼，选择胳膊第一根骨骼，点击 [动画] 菜单下的 [IK 解算器] 选项下的 [HI 解算器] 拾取胳膊末端骨骼，在手腕处生成一个IK手柄，完成胳膊的IK解算。制作如图3-2-7所示的腕部控制器，对齐到胳膊末端骨骼。

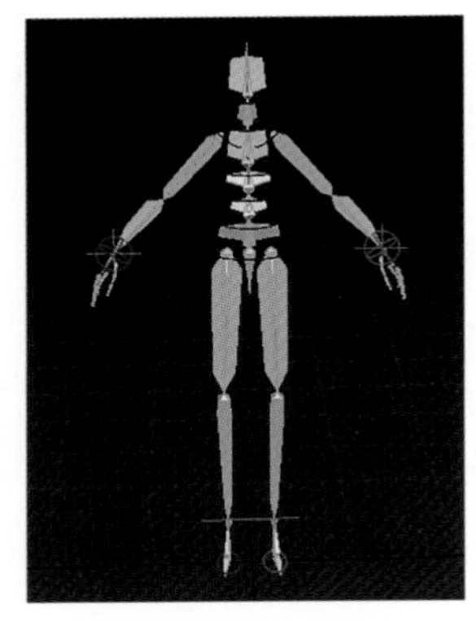

图 3-2-7　手腕控制器的形状及位置

08 选择手掌骨骼，方向约束给腕部控制器，这样，就可以控制手腕的旋转。状态如图3-2-8所示。

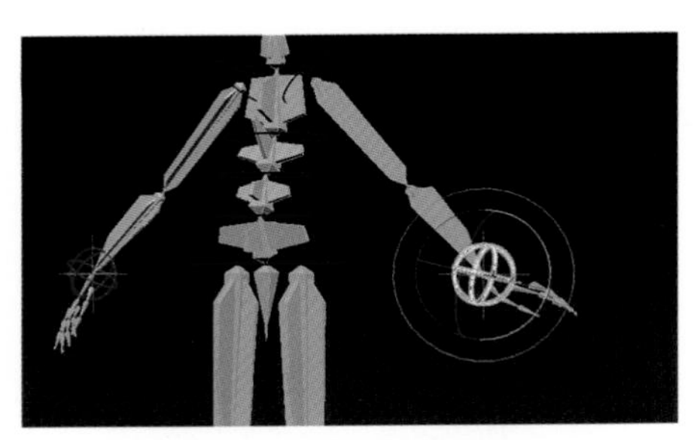

图 3-2-8　腕部控制器的绑定完成

09 创建一个虚拟对象，对齐胳膊末端骨骼，把胳膊的IK解算手柄，和腕部旋转控制器都子给虚拟对象。再把虚拟对象子给肩部控制器，把肩部控制器子给胸腔控制器。完成上半身控制器的绑定。状态如图3-2-9所示。

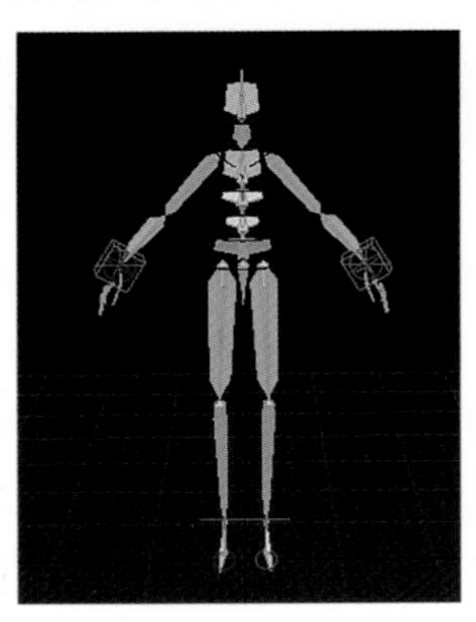

图 3-2-9　上半身控制器绑定完成状态

10 选中根骨骼向下移动，会发现腿蹲下来了，手却不跟动，状态如图3-2-10

所示。

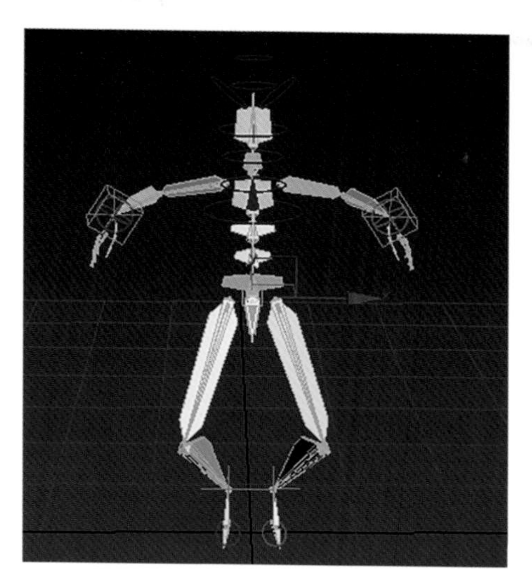

图 3-2-10　下移根骨骼的状态

11 出现以上原因是因为上半身的控制器没有和根骨骼相连接，现在制作一个星形，修改成四个点，对齐根骨骼，把根骨骼子给这个星形，把腰部第一个控制器也子给星形，旋转或移动星形，整个躯干都跟着动了，状态如图 3-2-11 所示。

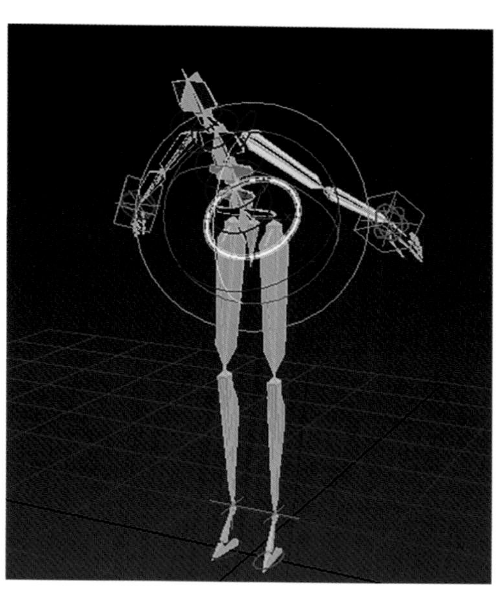

图 3-2-11　根骨控制器完成状态

12 最后再制作一个星形作为总控制器，放置在坐标原点（也就是两足底中间）把根骨骼控制器和双脚控制器子给总控制器，修改身体左右两侧的颜色，完成状态如图 3-2-12 所示。

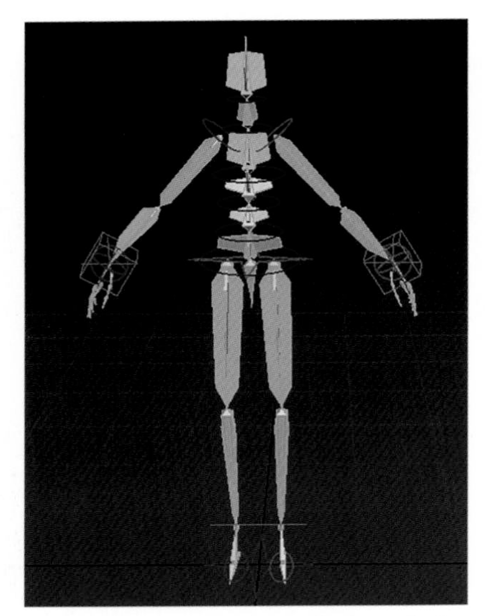

图 3-2-12 二足角色全身绑定完成状态

完成绑定后，测试一下，移动、旋转、缩放总控制器，所有的控制器和骨骼都会跟着改变说明绑定无误解，如果有局部没有跟动，说明有绑定错误的地方。第一个人物角色骨骼，你绑好了吗?

任务三 蒙皮及权重调整

任务目标

本任务中我们通过学习模型的蒙皮修改器的运用，掌握蒙皮的方法及权重调整的方法。

知识链接

1. 蒙皮修改器的添加。

2. 骨骼权重的调节。

技能训练

01 打开任务二中制作的角色骨骼场景文件，在进行蒙皮前需要先把骨骼对象做一个选择集，在显示面板下，勾选骨骼以外的所有选项，只显示骨骼对象，状态如图，如图 3-3-1 所示。

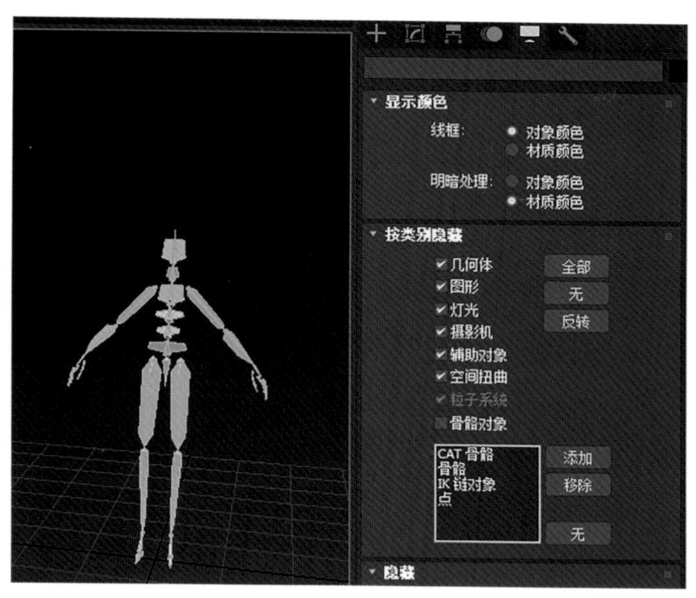

图 3-3-1　显示骨骼对象

02 选中所有骨骼点击主工具栏上的 [创建选择集] 按钮，如图 3-3-2 所示。

图 3-3-2　创建选择集按钮

03 在调出的创建选择集中修改选择集名字为 ggz，如图 3-3-3 所示。

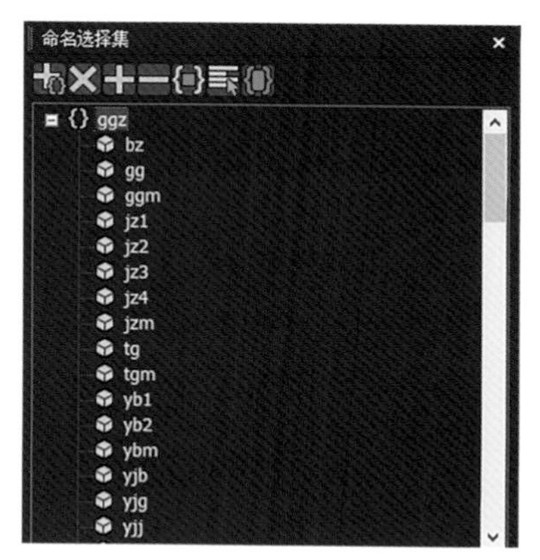

图 3-3-3　创建名字为 ggz 的选择集

04 在显示面板中，把所有对象显示出来，选择角色模型，在它的修改面板下，添加蒙皮修改器，在蒙皮修改器的修改参数中，添加骨骼栏里，把刚才创建的 ggz 选择集拾取进来，蒙皮完成，旋转腰部控制器角色模型跟动，状态如图 3–3–4 所示。

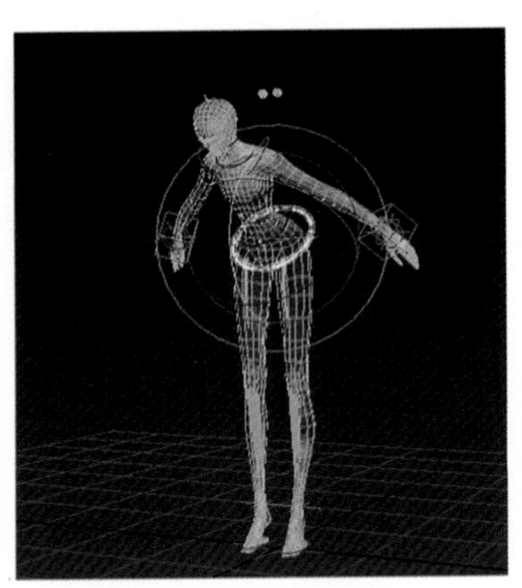

图 3–3–4　蒙皮完成状态

05 绑定眼睛模型。选择角色身体模型隐藏，创建两个虚拟对象，分别对齐两个眼球，同时选择两个虚拟对象，向眼睛前方移动画段距离，在两个虚拟物体外部创建一个矩形，位置状态如图 3–3–5 所示。

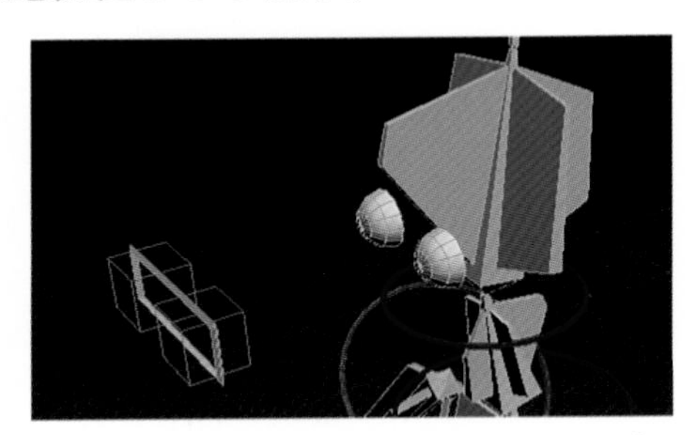

图 3–3–5　眼睛控制器的位置状态

06 选择眼球模型，在 [动画] 菜单下 [约束] 选项下选择 [注视约束]，在场景中选择眼球所对应的虚拟对象，如果偏离了，在运动面板下勾选 [保持初始偏移] 选项，把两个虚拟对象分别子给矩形，状态如图 3–3–6 所示。

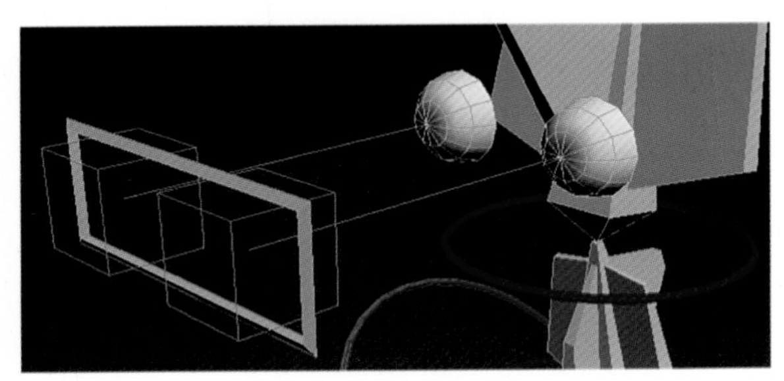

图 3–3–6　眼睛绑定完成

这样移动矩形控制器，两只眼睛就可以跟着转动看的方向了，移动虚拟对象可以移动一只眼睛的注视方向。

07 把两只眼球和矩形控制器分别子给头顶骨骼，这样，眼睛就能跟着脖子转动，状态如图 3-3-7 所示。

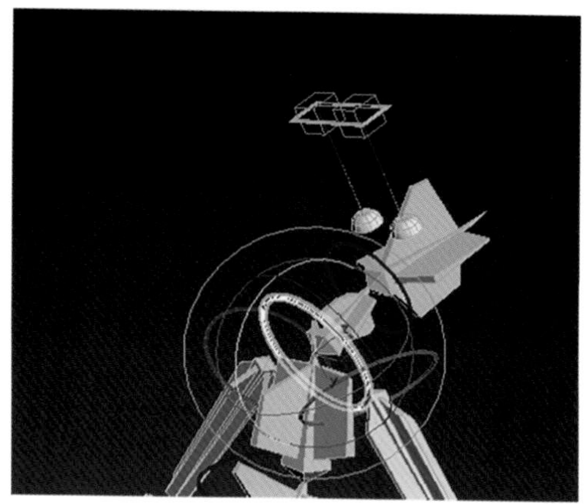

图 3-3-7　眼部控制器跟动脖子控制器状态

08 把角色模型取消隐藏，角色蒙皮完成，状态如图 3-3-8 所示。

图 3-3-8　角色蒙皮完成

09 接下来，我们进行权重的调节。在进行权重调节之前可以先检查下双脚的控制器运动的时候模型的状态，然后是躯干部分，一般情况下只要我们在设计、创建骨骼、展鳍的时候与模型契合度比较高，这些部位权重分配不会有大的毛病。需要调整权重的多是手、足、颈这些有小骨骼的部位。为了能更清晰地观察到变形顶点，我们可以暂时给角色模型一个灰色材质，先在时间线上打开 [自动关键点] 模式，把时间滑块拖动至第 20 帧，选择右脚控制器沿 yz 平面向上移动，位置状态如图 3-3-9

所示，关闭自动关键模式。

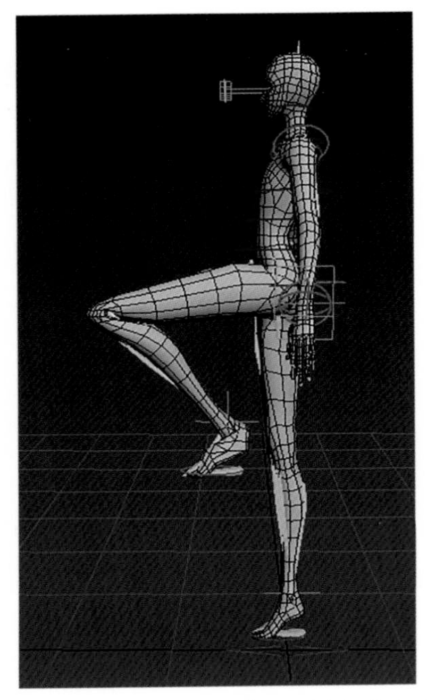

图 3-3-9　设置抬脚后的模型状态

10 观察上图发现脚上的模型变形了，这需要我们来对脚部骨骼对模型的权重重新调整 。选择角色模型在它的修改面板下点击[蒙皮]修改器下边的[封套]勾选[参数]面板下[编辑封套]中的[顶点]选项，在场景中选择 yjg 骨骼，状态如图 3-3-10 所示。

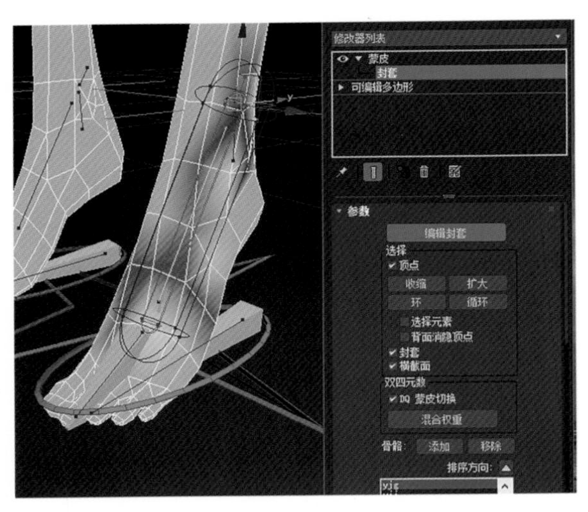

图 3-3-10　右脚 [yjg] 骨骼选择

11 yjg 骨骼是应该控制后半只脚掌的运动的，但是现在它只是控制了脚心的模型顶点，选择后半只脚的顶点，打开权重工具，设置选择顶点的权重为 1，状态如图 3–3–11 所示。

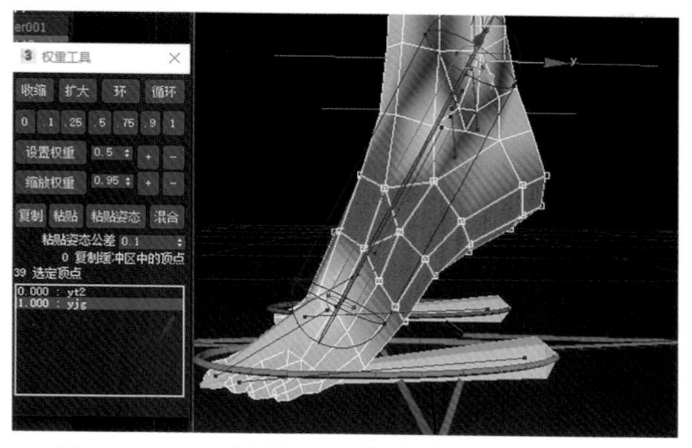

图 3–3–11　调整 yjg 骨骼对模型顶点权重

12 用以上的方法把 yjg 和 yjj 以及 yt2 三根骨骼的权重重新分配，状态如图 3–3–12、图 3–3–13、图 3–3–14 所示。

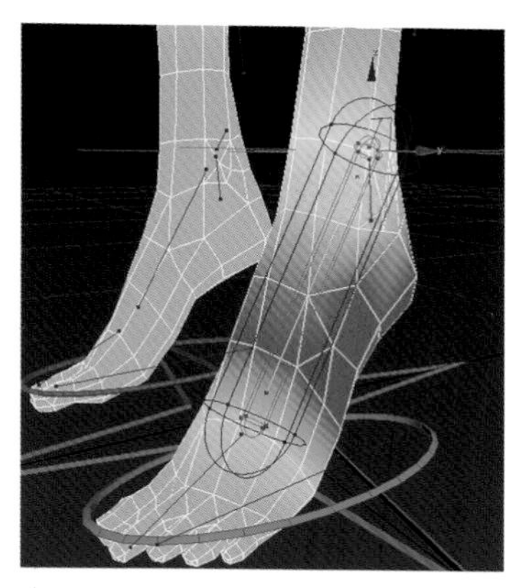

图 3–3–12　yjg 骨骼权重调整完成状态

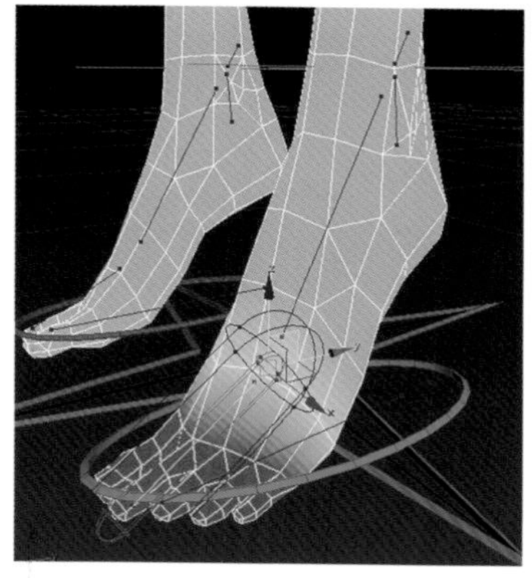

图 3–3–13　yjj 骨骼权重调整完成状态

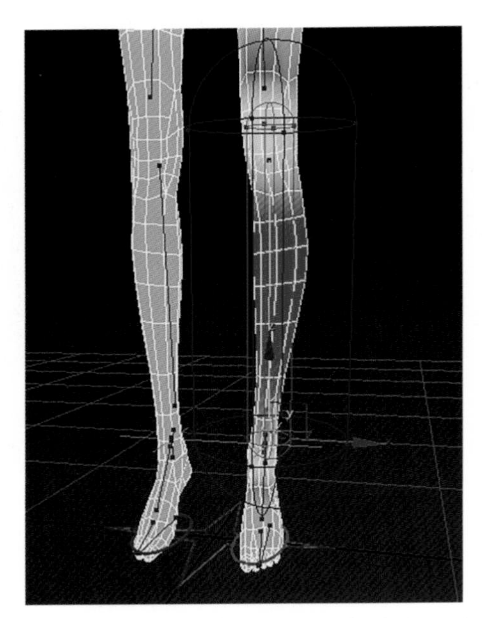

图 3-3-14　yt2 骨骼权重调整完成状态

13 镜像左脚权重。右腿和脚的权重调好以后，把时间滑块拖动到第一帧选择第二十帧的关键点，按下键盘上的 Delete 键删除。选择角色模型，在它的修改面板下进入 [封套] 下的 [镜像模式]，状态如图 3-3-15 所示，点击 [将蓝色粘贴到绿色顶点] 按钮，退出镜像模式，在场景中测试左脚抬起，左脚的权重也是正确的了。

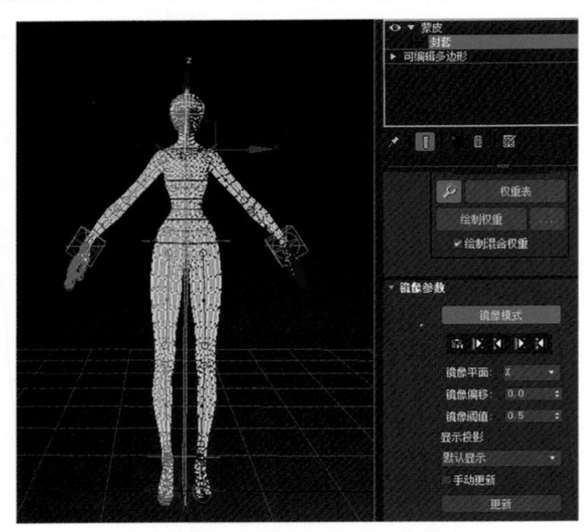

图 3-3-15　镜像模式下的模型状态

14 用同样的方法调整手部骨骼的权重。

15 骨骼权重调整完成后，我们接着把骨骼的绑定继续深化一下。现在的状态下膝盖和胳膊肘的旋转方向没有控制器控制，脚下后跟和脚下尖也抬不起来。现在来把这些内容做完整。先来制作控制膝盖旋转的控制器。创建一个 X 文本，并把它的轴居中，以轴点对轴点的方式对齐到 yt2，状态如图 3-3-16 所示。

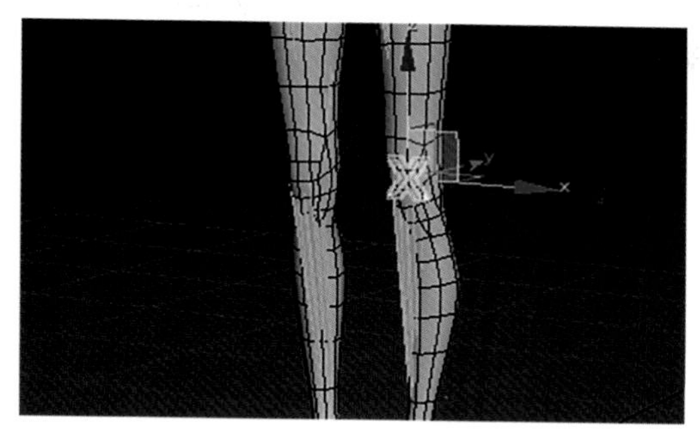

图 3-3-16　文本对齐到膝盖位置

16 把这个文本复制出来 3 个，分别对齐到左腿膝盖和两个胳膊肘的位置，并且两两选中移出模型，状态如图 3-3-17 所示。

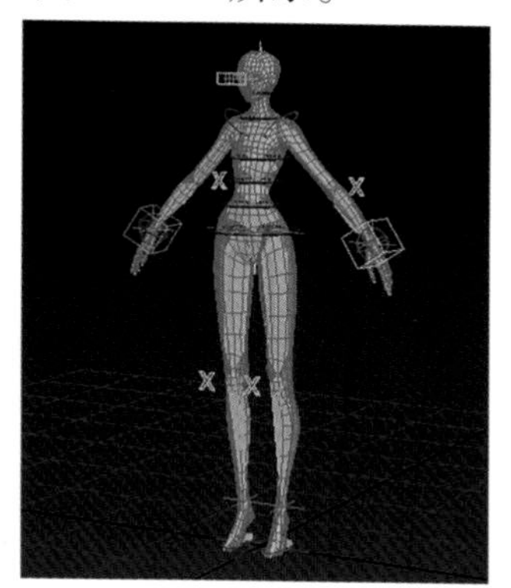

图 3-3-17　控制关节旋转的控制器位置状态

17 选择左脚的 IK 解算手柄，在它的运动面板下找到 [IK 解算器平面] 下的 [拾取目标] 按钮，在场景中点击左腿膝盖对应的文本控制器拾取进来，位置状态如图 3-3-18 所示，左右移动文本控制器，膝盖跟着转向，把它子给左脚控制器。用同样的方法完成其他三个关节的解算器平面目标拾取。

图 3-3-18　IK 解算平面目标位置

18 接下来制作脚部的脚尖抬和脚下后跟抬的控制方法。选择右脚(yj-t)控制器，打开[动画]菜单下的[参数编辑器]面板，名称改为 yjjt，[宽度]设置为 20，范围从 -10 到 10。状态如图 3-3-19 所示。

图 3-3-19 yjjt 的参数设置

19 用同样的方法添加 yjhgt 参数，完成后察看右脚控制器的修改面板，会看到两个新加的参数已经在了，状态如图 3-3-20 所示。

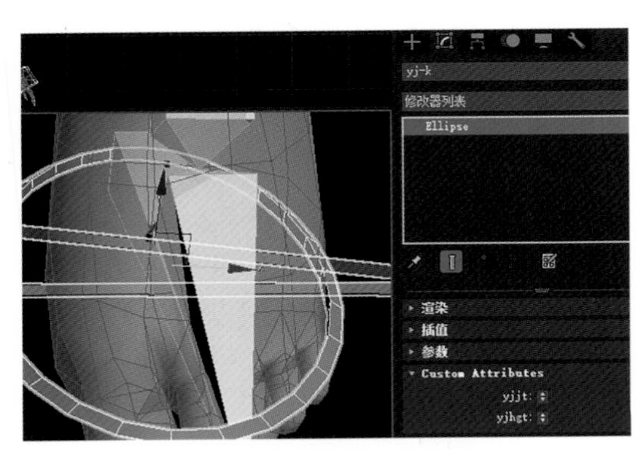

图 3-3-20 右脚控制器参数

20 选择右脚骨骼，按下键盘上的 Alt 键的同时右击鼠标，在调出的快捷菜单下选择冻结变换，点击确定。状态如图 3-3-21 所示。

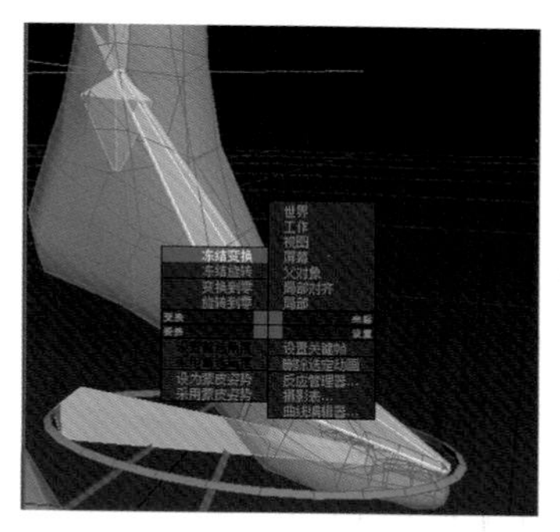

图 3-3-21　对骨骼的冻结变换操作

21 接下来做控制器和骨骼的关联。选择脚部控制器，右击选择 [连接参数] 下的 [对象] 下的 [custom attributes] 中的 [yjjt]，接着点击 yjj 骨骼在调出的快捷菜单下选择 [变换] 下的 [旋转] 下的 [零 Euler XYZ 旋转] 下的 [z 轴旋转]，在调出的参数关联对话框中点如图 3-3-22 所示设置，完成参数关联。

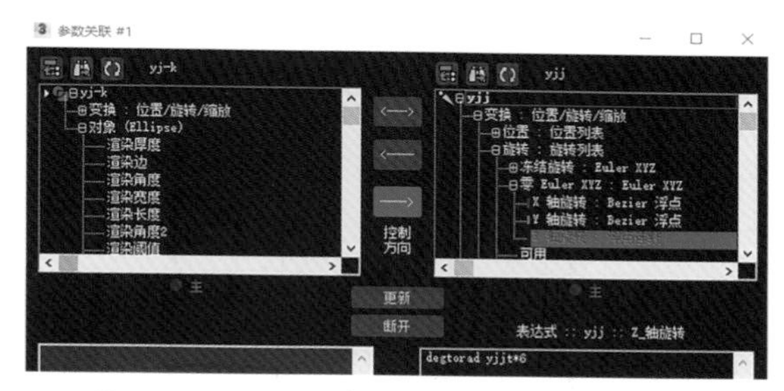

图 3-3-22　右脚尖抬的关联参数设置

22 用相同方法完成脚后跟抬和左脚的关联参数设置。

以上设置完成后，角色模型基本上可以通过调节控制器来完成我们所需要的动作了，如图 3-3-23 所示。

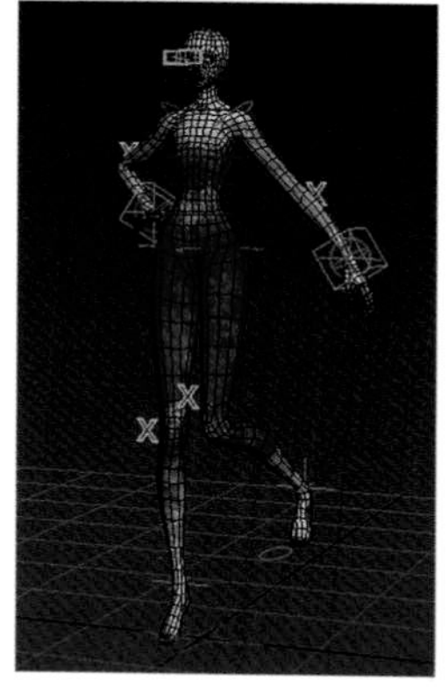

图 3-3-23　调节好权重的动态模型

你掌握了吗？找个喜欢的角色模型试一试吧。

任务四　我的地盘动画

任务目标

通过本任务的学习掌握动画调节的基本思路和方法。

知识链接

1. 场景的整合。
2. 路径动画的运用。
3. 角色动画的基本设置。

技能训练

在制作动画之前，我们要先设计好做一段什么样的动画，然后来考虑制作思路，接下来我们这个动画片段将由精灵带领大家环游她居住的小岛。首先我们需要把场景和绑定好骨骼的角色合并到一个场景中，然后是精灵绕着小岛飞翔，最后落在石上休息。有了这个思路之后，现在开始我们的动画制作。

01 打开制作完成的小岛场景模型，从 [文件] 菜单下选择 [导入] 下的 [合并]，打开文件合并对话框找到我们前面制作完成的精灵角色模型合并进来，如果合并的模型出现错误，就先把小岛模型导出成 obj 格式，打开精灵模型，另存为 [我的地盘动画] 后把小岛模型导入进来。调整场景的大小和角色适配。状态如图 3-4-1 所示。

图 3-4-1　合并调整场景

02 我们在这个任务中主要是进行动画制作，为了能清晰地看到动画效果，把渲染环境设置为浅一点的颜色，在 [渲染] 菜单下单击 [环境] 命令，调出环境和效果对话框，把背景颜色设置为白色。状态如图 3-4-2 所示。

图 3-4-2　环境背景色修改

03 接下来设置一盏目标平行光灯，开启投影，作为主光源，设置两盏泛光灯作为辅助光源，辅助光强度要相对弱些。灯光位置如图 3-4-3 所示。

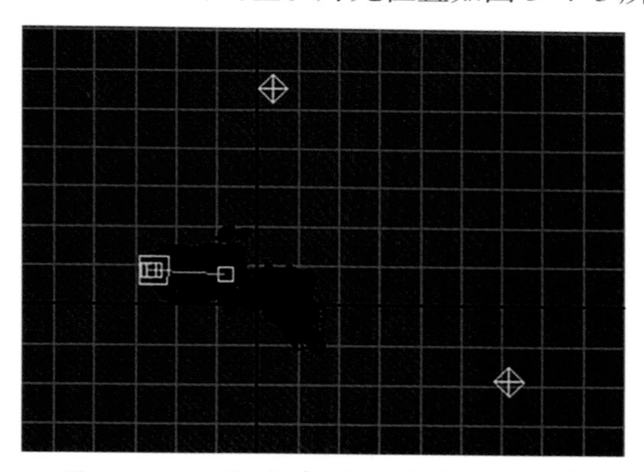

图 3-4-3　灯光在顶视图的位置状态

04 冻结场景，在显示面板下隐藏灯光，隐藏骨骼对象。状态如图 3-4-4 所示。

图 3-4-4　显示面板隐藏设置

05 选择精灵的总控制器（注意，后面的操作都是对控制器的操作，可以把模型冻结），把它移动到你希望的起始点，如图 3-4-5 所示位置。

图 3-4-5　调整精灵角色的初始位置

06 制作翅膀的扇动动画。在这个案例中，精灵的翅膀的状态有点像蝴蝶，蝴蝶翅膀的动画用弯曲修改器就可以达到，所以就不必绑定骨骼了。确定翅膀模型是独立的，给它添加一个弯曲修改器，修改 [弯曲] 角度。状态如图 3-4-6 所示。

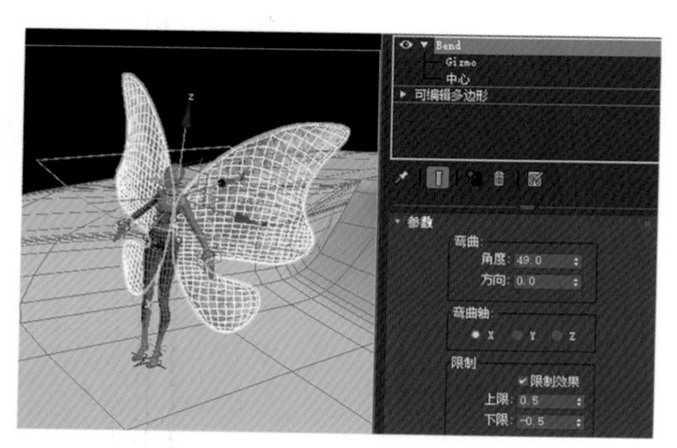

图 3-4-6　弯曲角度设置

07 打开时间线上的 [自动关键点] 模式，把时间滑块拖到第 8 帧，把弯曲角度修改为 154。状态如图 3-4-7 所示。

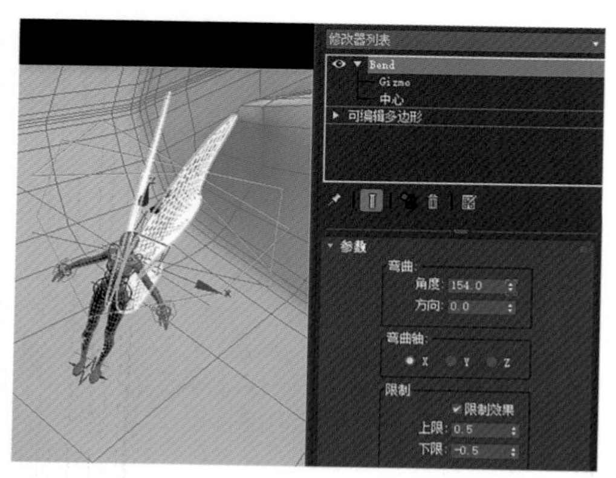

图 3-4-7　第 8 帧弯曲角度

08 在时间线上，选择第 0 帧，按下键盘上的 Shift 键的同时，用鼠标左键拖动到第 16 帧，这样，翅膀的弯曲角度从第 0 帧到第 16 帧完成一个循环动作。时间线状态如图 3-4-8 所示。

图 3-4-8　翅膀的时间线状态

09 打开迷你曲线编辑器找到[bend]的角度，框选所有（3 个）关键点，点击[编辑]菜单下 [控制器] 下的 [超出范围类型] 调出超出范围类型对话框，选择循环，如图 3-4-9 所示，完成翅膀的循环运动。

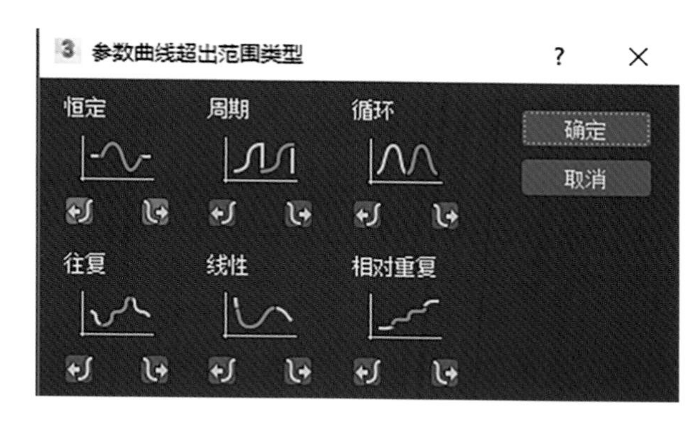

图 3-4-9　超出范围类型选择

现在按下播放按钮就可以看到翅膀在连续扇动了。

10 接下来精灵将带着我们巡游小岛，我们用路径约束来完成这节动画。首先打开时间配置，把时间设置到 360 帧。在顶视图创建一根曲线作为精灵的巡游路线。并在透视图调整顶点位置，注意线的起点最好在精灵的总控制器中心处。状态如图 3-4-10 所示。

图 3-4-10　曲线路径状态

11 选择精灵的总控制器，在 [动画] 菜单下选择 [约束] 下的 [路径约束] 在场景中拾取曲线，播放动画，精灵模型已经跟随曲线飞动了，但是是直立飞行的，我们需要做一些参数的调整。在总控制器的运动面板下修改路径参数。状态如图 3–4–11 所示。

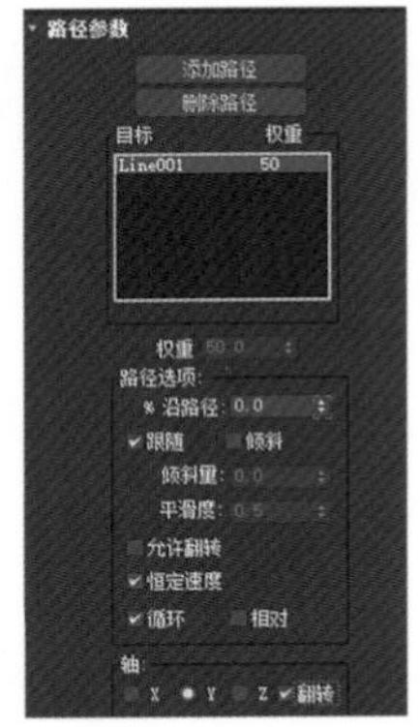

图 3–4–11　总控制器的路径参数设置

设置完成后角色在第 0 帧的状态如图 3–4–12 所示。

图 3–4–12　角色第 0 帧状态

12 接下来调节控制器让角色俯下身来。打开 [自动关键点] 模式，把根骨控制器沿 z 轴向下移动一点，让角色重心低下来。状态如图 3–4–13 所示。

图 3–4–13　第 0 帧动态

13 把时间滑块拖动到第 10 帧，先调整根骨控制器，再调整脚底控制器，再调整膝盖控制器，再调整腰部控制器，再调整脖子和头部控制器。动态如图 3-4-14 所示。

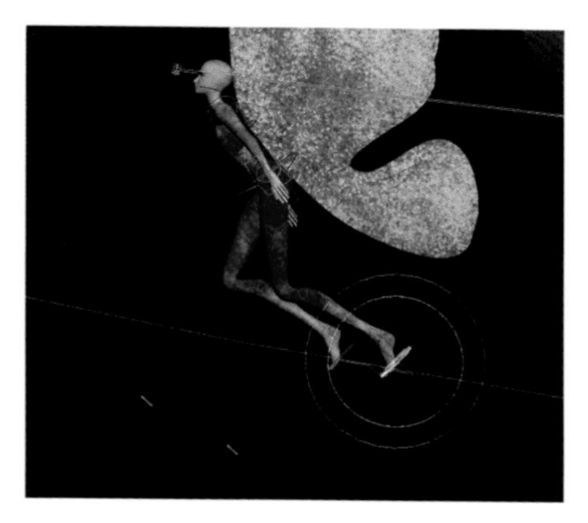

图 3-4-14　第 10 帧动态

14 把时间滑块调到第 20 帧，继续调整各控制器状态，如图 3-4-15 所示。

图 3-4-15　第 20 帧动态

15 接下来调整精灵落地的动作。把时间滑块拖动到第 320 帧，选择角色的所有控制器设置关键点，这样才可以确保落地动作是从 320 帧开始，而不是从前面开始。设置好所有控制器的关键点后把时间滑块拖动到第 340 帧，打开 [自动关键点] 模式调整角色。动态如图 3-4-16 所示。

图 3-4-16　第 340 帧动态

16 把时间滑块拖动到第 360 帧，调整控制器。状态如图 3–4–17 所示。

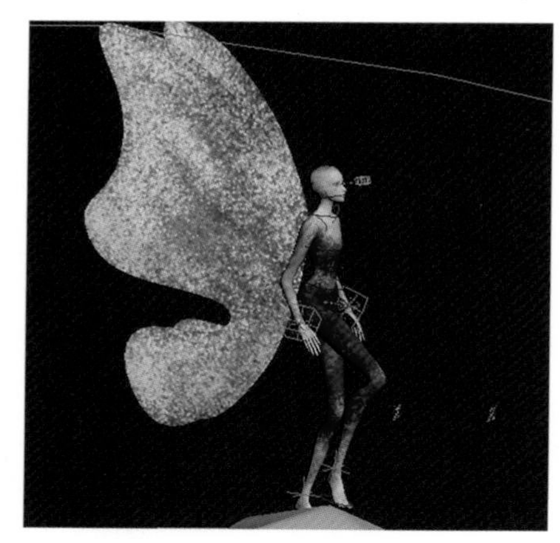

图 3–4–17　第 360 帧动态

现在播放动画，可以看到精灵比较流畅的飞行动作了。我们可以再增加 48 帧让精灵在片段结束的时候停止两秒。

17 现在无论你如何放置摄影机，我们看到的都是精灵在飞，但是如果作为动画片的表现，可能需要我们从精灵的视角去看世界，这个时候我们可以制作一个摄影机跟随路径的动画，来完成精灵的视角。在顶视图中创建一个自由摄影机，做它的路径约束动画，并在运动面板中进行参数调节。可以把透视图切换成摄影机视图进行观察，调出所需要的角度。

最后，还需要把场景美化一点，加一些飘浮着的气泡，根据前面项目中对自由源粒子动画的掌握，自己试着完成。

动画完成了，我们需要把场景渲染输出，仔细考虑一下，渲染的时候要注意些什么？试试吧。

项目小结

通过本项目的制作，我们系统地学习了角色动画的制作思路和设计方法，学习了骨骼的设计创建和绑定以及角色模型的蒙皮、权重调节和动画制作，还学习了弯曲修改器动画、循环动画的设置、路径动画等的设置方法，你都掌握了吗？

拓展训练

完成项目三的动画的制作并根据所掌握的知识点，用自己的模型来制作一个二足角色的动画吧。

项目四

鱼戏莲叶间

项目分析

首先观看案例视频文件精灵 .avi，视频截图如图 4-1 所示。

第 1 秒

第 6 秒

第 11 秒

图 4-1　鱼戏莲叶间视频截图

通过观看视频，分析本案例中的元素，在本场景中的主要角色元素是鱼，通过本项目的练习，我们将掌握鱼类角色对象的骨骼绑定及简单动画，以及变形器修改器动画、噪波修改器动画、自由源粒子的应用方法以及动画三维分镜的制作和如何进行分层渲染输出后期合成短片的技术。

知识目标

1. 掌握鱼类角色骨骼设计的方法。
2. 掌握鱼类角色骨骼绑定的方法。
3. 掌握蒙皮权重的调整方法。
4. 掌握鱼类角色简单动画的调节方法。
5. 掌握场景动画特效制作的方法。
6. 掌握分层渲染的方法。

能力目标

1. 能够正确进行鱼类角色骨骼设计。
2. 能够正确进行鱼类角色骨骼绑定。
3. 能够根据鱼类角色的运动规律制作动画。

4. 掌握变形器修改器、噪波修改器动画制作。
5. 能够制作自由源粒子动画。
6. 能够掌握制作三维分镜的方法。

任务一 小鱼骨骼设计

任务目标

通过小鱼骨骼设计的制作掌握鱼类角色骨骼设计思路及设计创建方法。

知识链接

1.bone 骨骼的创建方法及特点。
2. 鱼类角色骨骼设计。

技能训练

我们在创建骨骼之前先进行骨骼的设计分析，根据鱼类角色的运动特点，鱼类的骨骼是以头部和身体相连的位置为中心，分为两部分进行旋转运动。如果没有看到过，想不明白，可以去网上搜一下鱼类骨骼结构的图片，看一些鱼类游动的视频，理解它的运动方式再对骨骼进行分配、创建。我们在这个案例中的制作顺序是，先创建根骨骼，再创建躯干骨骼，接着创建头部骨骼和鳍的骨骼。在这里，大家要注意一个问题，我们设置的骨骼不是鱼真正生长的骨骼，而是我们控制模型能让模型像真的鱼运动起来的骨骼，所以它们不需要和真的鱼类骨骼一样复杂，只需要达到能控制运动需求就可以了。

小鱼骨骼创建：

01 新建一个文件，修改单位设置为厘米，在制作动画之前我们先把场景模型准备好。制作案例中小鱼模型，轴心点放置在头部和身体相连的位置处，并修改坐标位置到世界中心，按下键盘上的 Ctrl+X 组合键，使角色模型透明显示，冻结，在左视图中创建根骨骼，位置状态如图 4-1-1 所示。

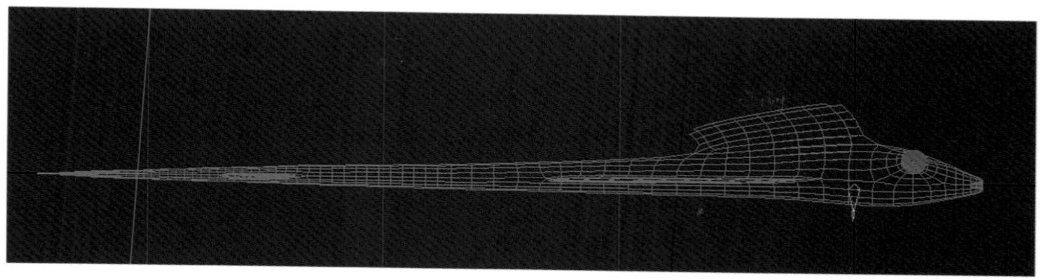

图 4-1-1　在左视图中创建根骨骼

02 在右视图中，由左向右沿着身体模型创建一条骨骼链，作为控制身体的运动的骨骼，状态如图 4-1-2 所示。

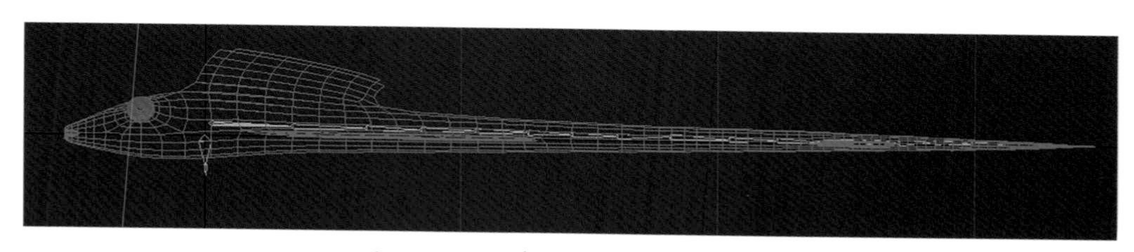

图 4-1-2　身体骨骼的位置状态

03 在修改面板下，为身体骨骼展鳍，状态如图 4-1-3 所示。

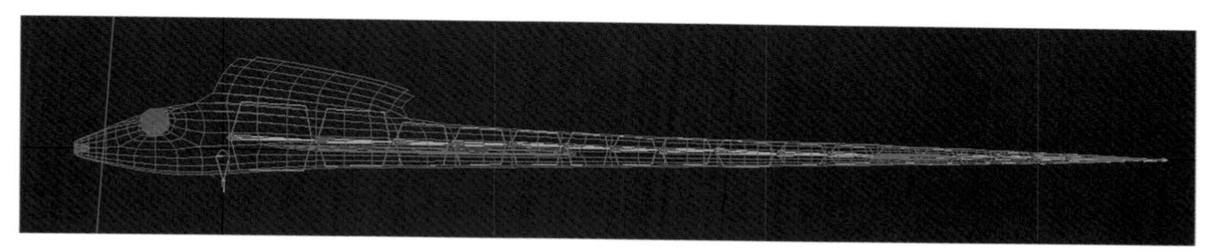

图 4-1-3　身体骨骼展开鳍后的状态

04 切换到左视图，创建头部骨骼，状态如图 4-1-4 所示。

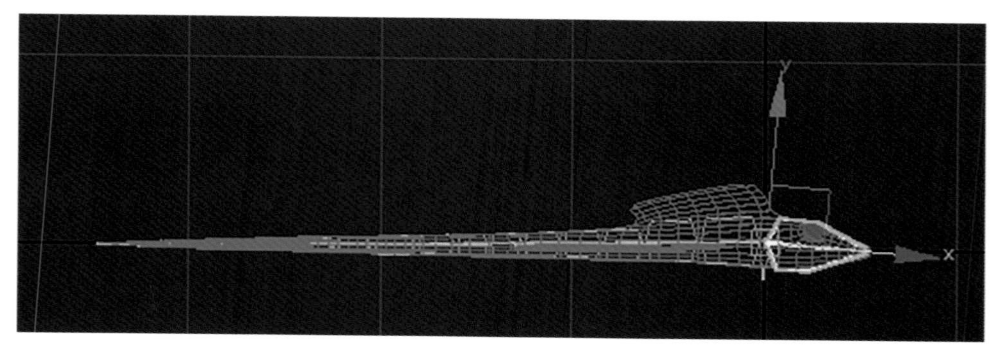

图 4-1-4　创建头部骨骼

完成小鱼的骨骼创建，接下来就要对骨骼进行绑定。

任务二 骨骼绑定

任务目标

通过本任务的学习掌握鱼类角色骨骼绑定的思路和方法。

知识链接

1. 样条线解算器的应用方法。
2. 鱼类骨骼的绑定。

技能训练

鱼类的身体比较柔软，我们采用样条线解算器对骨骼进行解算。

01 切换到顶视图，从头部到尾部创建一根样条线，位置状态如图 4–2–1 所示。

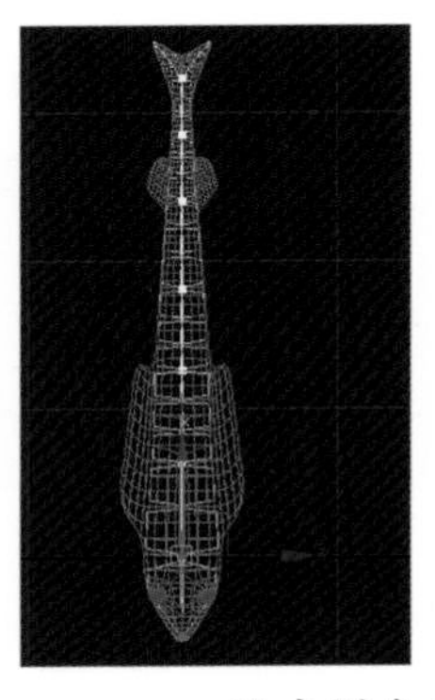

图 4–2–1　创建样条线

02 进行样条线解算。先选择躯干部分的第一根骨骼；接着在动画菜单下选择“IK 解算器”子菜单下的“样条线 IK 解算器”；接下来在场景中左键单击躯干最后一根骨骼，然后左键单击样条线，完成样条线 IK 解算，状态如图 4–2–2 所示。

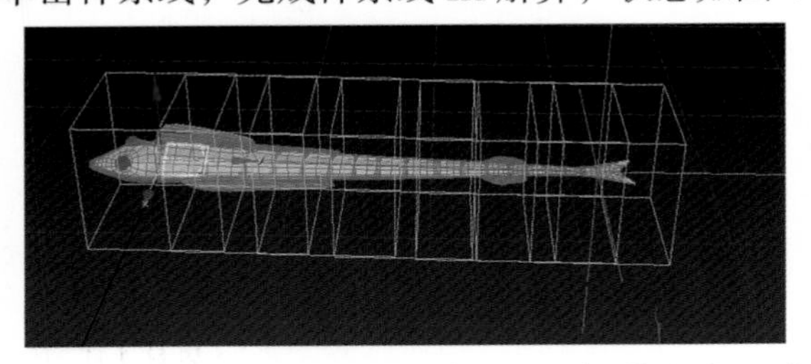

图 4–2–2　躯干部分的样条线 IK 解算完成状态

03 修改控制点的大小。选择一个样条线解算生成的点辅助对象（绿色长方体），在修改面板中的参数选项卡中修改长方体的大小，值为 5（本参数值的大小需要参照场景的大小，不是固定的值），逐一完成修改，状态如图 4-2-3 所示。

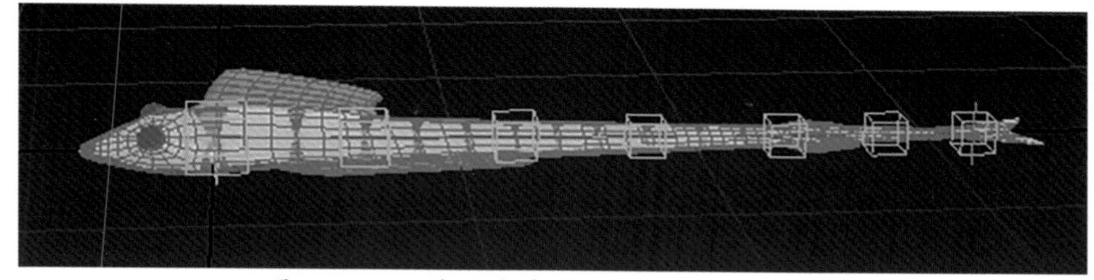

图 4-2-3　修改完成后的点辅助对象状态

04 制作尾巴的控制器。制作左右两侧的圆形控制器，每个控制器对齐对应的骨骼，并分别进行方向约束，并从尾部末端的圆形控制器依次向前子链接给上一级骨骼的控制器。尾巴根部的控制器子链接给躯干末端点控制器（最后一个长方体），状态如图 4-2-4 所示。

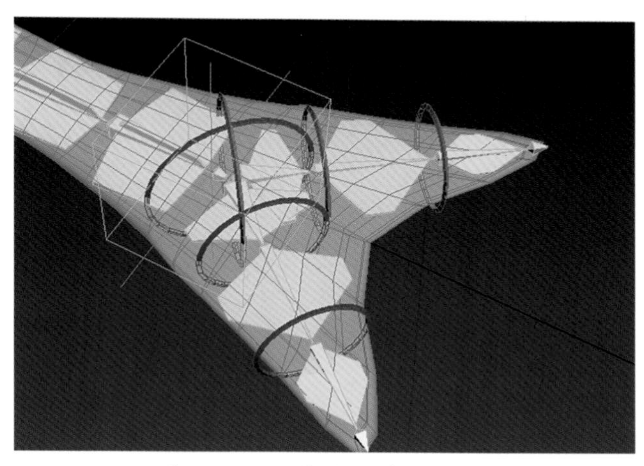

图 4-2-4　绑定尾部控制器

05 创建头部控制器。创建一个圆形，对齐头部骨骼，并对头部骨骼进行方向约束，状态如图 4-2-5 所示。

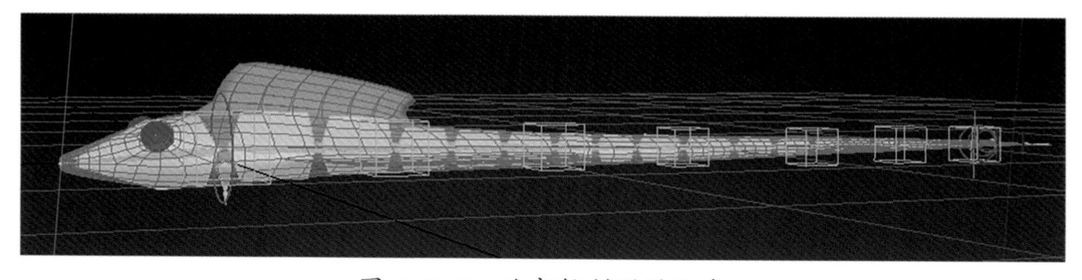

图 4-2-5　头部控制器的状态

06 创建眼睛的控制器。首先把两个眼睛子链接给头部骨骼；接下来，创建两个辅助对象，分别对齐两个眼睛后，同时向头部前方移动一些距离，再创建一个矩形，位置状态如图 4–2–6 所示，分别把两个眼睛注视约束给与其相对应的虚拟对象，把两个虚拟对象子链接给矩形控制器，把矩形控制器子链接给头部骨骼，完成眼睛控制器的绑定。

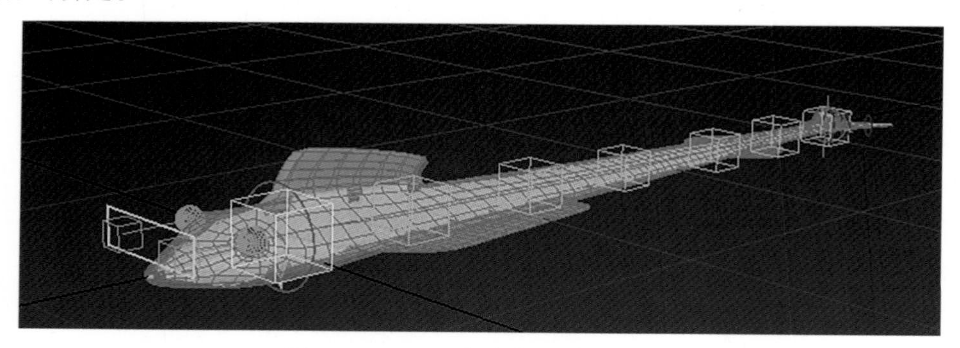

图 4–2–6　眼睛的绑定完成状态

07 制作鳍部的骨骼。完成状态如图 4–2–7 所示。

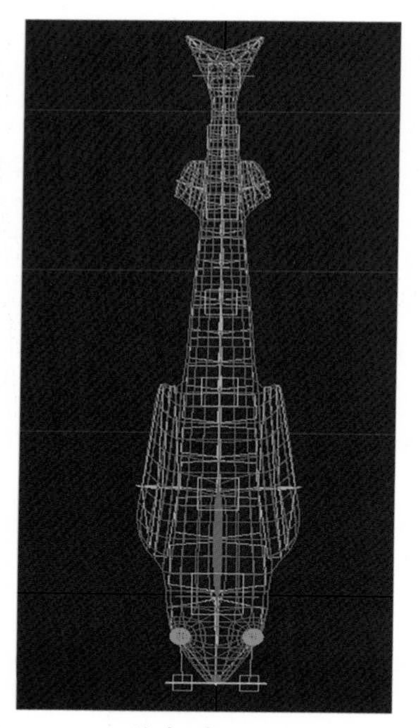

图 4–2–7　鳍部骨骼的形状及位置

08 制作鳍部的控制器，分别为需要运动的鳍部骨骼创建圆形控制器，并进行方向约束，依次把末端骨骼的圆形控制器子链接到前一级骨骼的圆形控制器上，把父级圆形控制器子链接给所在位置的样条线 IK 解算生成的点控制器（长方体）上，完成鳍部控制器的制作，状态如图 4–2–8 所示。

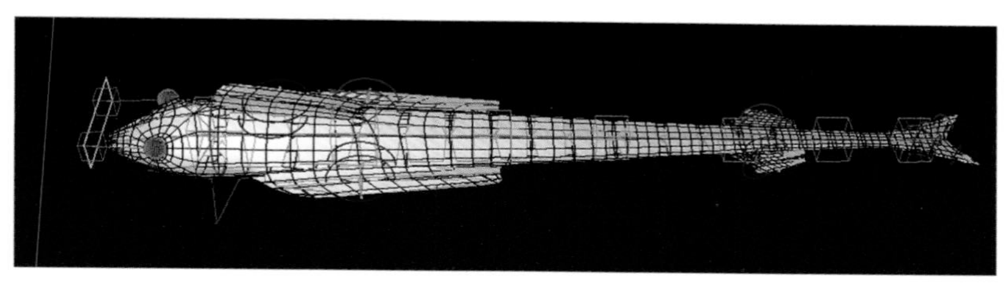

图 4-2-8　鳍部控制器的绑定完成

09 创建主控制器。在顶视图创建一个星形，修改成四个点的状态，旋转 45 度调整到如图 4-2-9 所示状态，把躯干的最高层级的点控制器（最接近头部的立方体）子链接给星形控制器，把头部骨骼子链接给根骨骼，把根骨骼子链接给星形控制器，完成小鱼骨骼控制器的绑定。

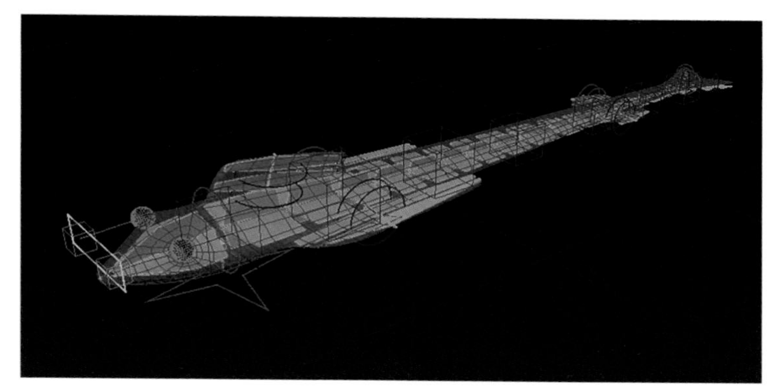

图 4-2-9　小鱼控制器的绑定完成状态

完成绑定后，测试一下，移动、旋转、缩放总控制器，所有的控制器和骨骼都会跟着改变说明绑定无误，如果有局部没有跟动，说明有绑定错误的地方。鱼类角色骨骼，你绑定好了吗？

任务三　小鱼蒙皮及权重调整

任务目标

本任务中我们通过对小鱼模型的蒙皮和权重调节，进一步深化掌握蒙皮的方法及权重调整的方法。

知识链接

1. 蒙皮修改器的添加。

2. 骨骼权重的调节。

技能训练

01 打开任务二中制作的小鱼角色骨骼场景文件，在进行蒙皮前需要先把骨骼对象做一个选择集，在显示面板下，勾选骨骼以外的所有选项，只显示骨骼对象，状态如图 4-3-1 所示。

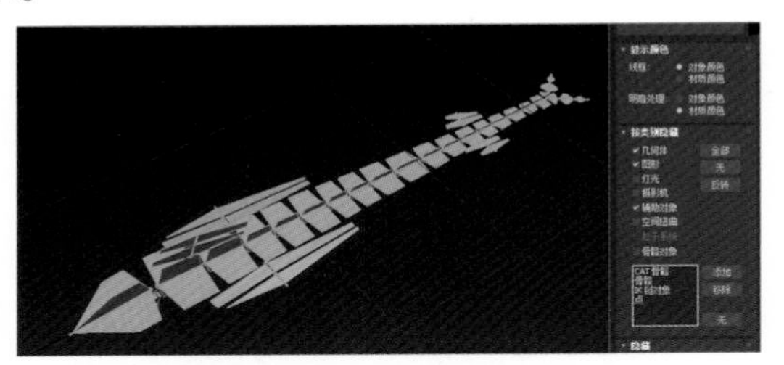

图 4-3-1 显示骨骼对象

02 选中所有骨骼，点击主工具栏上的 [创建选择集] 按钮，在调出的创建选择集中修改选择集名字为 ygg，如图 4-3-2 所示。

图 4-3-2 创建 ygg 选择集

03 小鱼模型蒙皮。在显示面板下取消所有类型的隐藏选择，选择小鱼模型，在修改面板下添加蒙皮修改器，在参数面板下面选择添加骨骼，选择“ygg”选择集把所有骨骼添加进来完成蒙皮操作，旋转点控制器测试效果如图 4-3-3 所示。

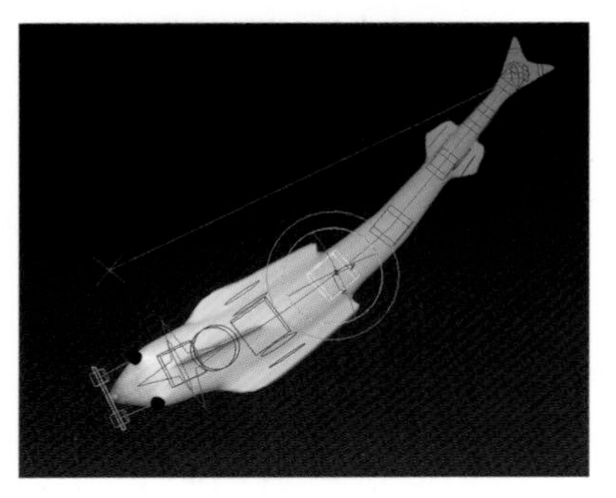

图 4-3-3 角色蒙皮完成测试效果

04 权重调节。逐一对控制器进行测试，发现有没有权重问题引起的模型破坏。一般情况下，鱼类这种简单的单体模型，只要鳍展开得合理，蒙皮后骨骼权重分配不会出现大的问题，如果发现有问题的地方，单独对问题部位进行权重调节，调节方法参照二足角色的权重调节方法。

对鱼类角色的蒙皮你掌握了吗？制作一个鱼类角色模型试一试吧。

任务四　制作场景动画

任务目标

通过本任务的学习掌握变形器修改器动画调节的制作思路和方法。

知识链接

1. 场景的整合。
2. 变形器修改器动画的运用。
3. 角色动画的基本设置。

技能训练

在制作动画之前，我们要选设计好我们要做一段什么样的动画，然后来考虑制作思路。接下来我们这个动画片段将展现一幅荷叶田田、游鱼戏水的动态场景。现在我们准备好了场景，小鱼也有了骨骼和控制器准备戏水，我们需要先把荷叶荷花动画完成，接下来让小鱼游戏。有了这个思路之后，来设计我们的制作流程。这个项目的动画，我们会在max分别制作场景和角色的动画，分层渲染输出动画图片序列，在后期软件中进行合成，那么接下来让我们先制作场景的动画。

01 制作荷花开放动画。打开准备好的荷花场景，把荷花瓣模型命名为“hehua1”，如图 4-4-1 所示。

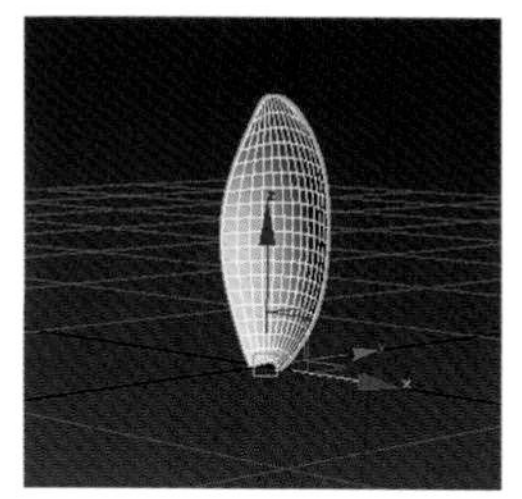

图 4-4-1　花瓣场景

02 把荷花瓣模型“hehua1”复制出来一个命名为“hehua2”对齐“hehua1”。为“hehua2”添加 FFD3*3*3 修改器，修改模型的状态为花瓣长大一些的状态，再复制一个“hehua3”对齐“hehua1”，修改模型状态为花瓣长成的最终状态，状态如图 4-4-2 所示。

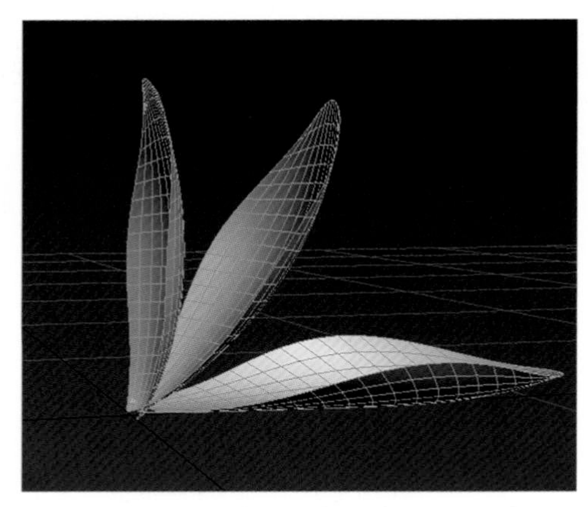

图 4-4-2 复制并修改模型状态

03 变形器修改器动画设置。选择“hehua1”模型，在修改面板下添加“变形器”修改器，在“变形器”修改面板里的“通道列表”里为通道 1 和通道 2 分别从场景中拾取对象“hehua2”“hehua3”模型，修改通道的值，观察“hehua1”模型的变化。两个通道值都为百分之五十，状态如图 4-4-3 所示。

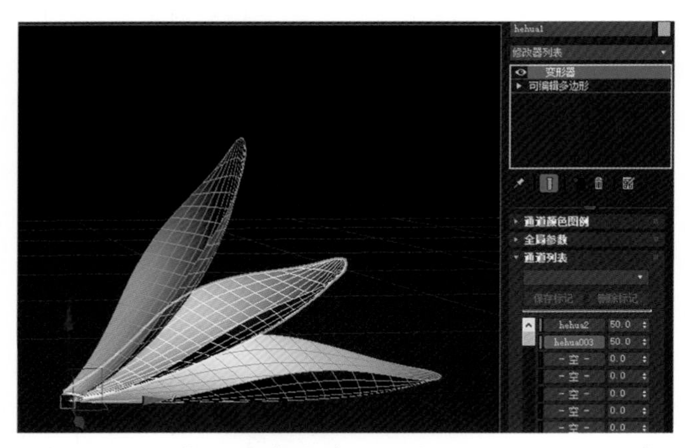

图 4-4-3 变形器修改作用下的“hehua1”的状态

04 制作荷花瓣开放动画。隐藏“hehua1”和“hehua2”模型，打开自动关键点按钮，选择“hehua1”模型，在修改面板下，确认变形器通道 1 和通道 2 的值都为 0。把时间滑块拖动到第 0 帧，打开自动关键点按钮，把时间滑块拖动到第 48 帧，修改通道 1 的值为 100；拖动时间滑块到第 96 帧，修改通道 1 的值为 0，修改通道 2 的值为 100；再把时间滑块拖回到 48 帧，把通道 2 的值修改为 0。完成花瓣开放的动画。

时间轴状态如图 4-4-4 所示。

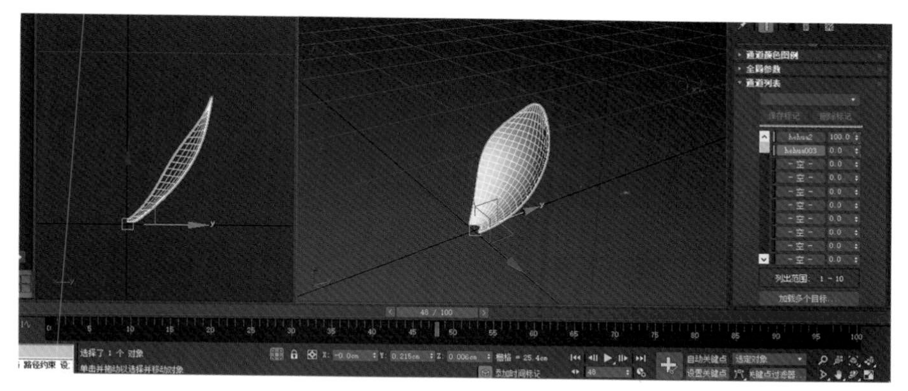

图 4-4-4　显示面板隐藏设置

05 复制花瓣。关闭自动关键点按钮，把时间滑块拖到第 0 帧，选择“hehua1”模型，旋转复制出来八个模型，状态如图 4-4-5 所示。

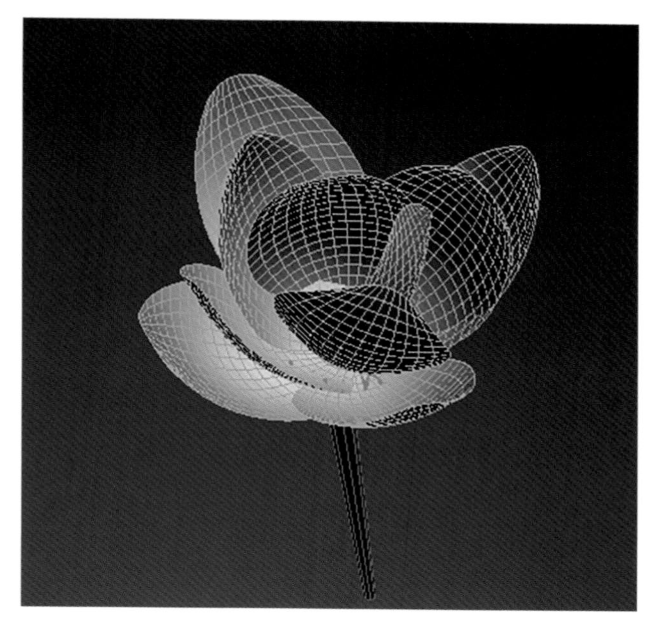

图 4-4-5　复制调整花瓣的第 0 帧位置

06 调整花开放的节奏。复制出来的花瓣如果不做任何调整，所有花瓣开放的速度和大小都是一样的，为了表现得更真实一些，我们需要把花瓣调节出不同的节奏。修改时间线的长度为 240 帧，把内圈的花瓣选中一个，在时间轴上框选所有关键点，调出选择范围，把时间往后拖动 5 帧，时间范围扩展 5 帧，这样就可以把这个花瓣的开放时间延迟 5 帧，并且开放时间也延长 5 帧，开放动态和其他花瓣产生变化。分别修改每一个花瓣的时间范围，直到播放后看到花开得比较自然为止。第 90 帧的状态如图 4-4-6 所示。

图 4-4-6　第 90 帧花瓣的状态

07 创建摄影机。制作荷叶模型，把时间滑块拖到第 0 帧，在透视图调整到合适的位置按下键盘上的 Ctrl+C 组合键创建摄影机，位置状态如图 4-4-7 所示。

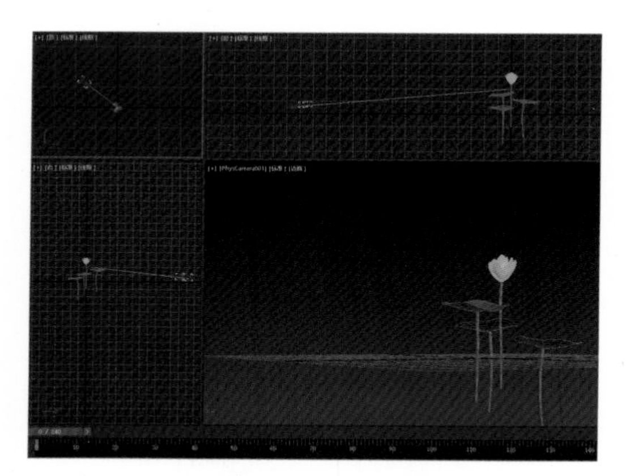

图 4-4-7　第 0 帧摄影机的位置状态

08 制作摄影机动画。打开自动关键点按钮，把时间滑块拖动到第 80 帧，修改摄影机的位置，如图 4-4-8 所示。

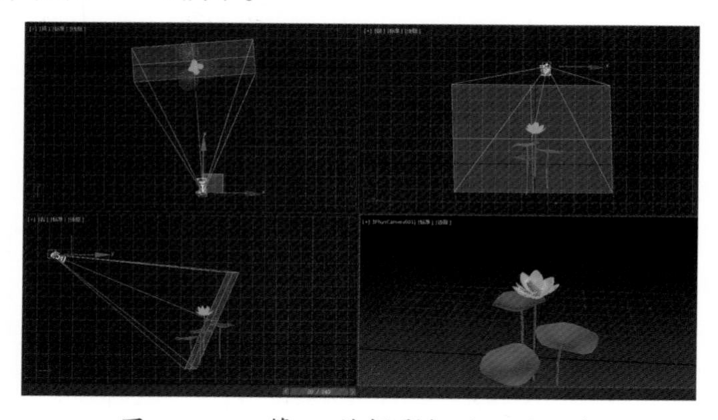

图 4-4-8　第 80 帧摄影机的位置状态

09 把时间滑块拖动到第 216 帧，修改摄影机的位置，如图 4–4–9 所示。

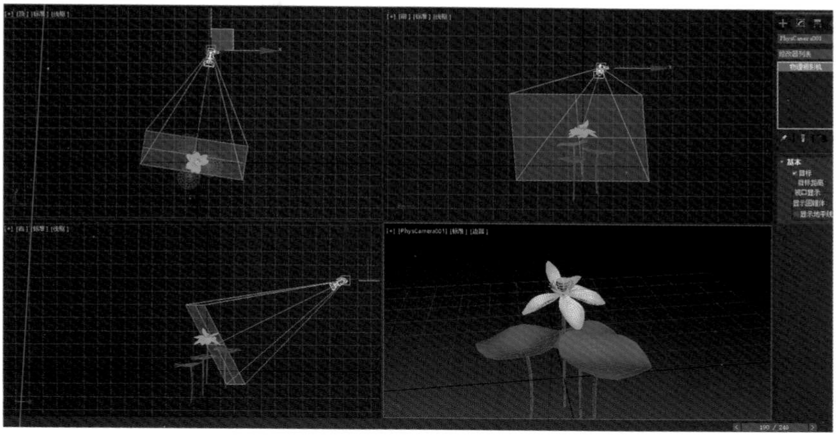

图 4–4–9　第 216 帧摄影机的位置状态

激活透视图，点击播放按钮，观察摄影机视图的动画效果，如果有不合适的地方，继续调整摄影机的位置，直到播放效果达到自己满意。

10 制作小鱼原地游动动画。先为控制器设置关键点。冻结小鱼身体模型，在显示面板中隐藏骨骼对象。选择主控制器以外的所有控制器，把时间滑块拖到第 10 帧，打开设置关键点按钮，点击设置关键点。把时间滑块拖到第 30 帧，再次单击设置关键点按钮，为主控制器以外的所有控制器在第 10 帧和第 30 帧设置关键点，状态如图 4–4–10 所示。

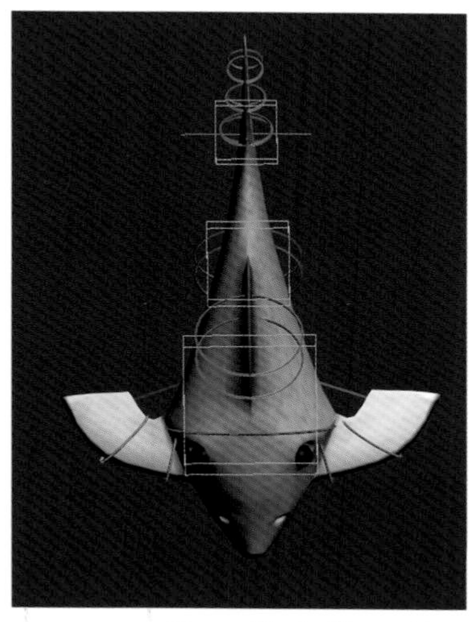

图 4–4–10　第 10 帧和第 30 帧状态

这样鱼在第 10 帧和第 30 帧处于一个身体平直的状态。

11 制作第 0 帧鱼的动态。打开自动关键点按钮，把时间滑块拖到第 0 帧，选择小鱼头部控制器，转换成旋转工具，坐标系统切换到局部坐标系统，选择鱼头部控制器沿 y 轴逆时间旋转 5 度；选择鱼身体的第一个点控制器沿 y 轴逆时针旋转 5 度；选择鱼身体第二个点控制器沿 y 轴逆时针旋转 10 度，完成鱼在第 0 帧的大体状态调整，状态如图 4–4–11 所示。

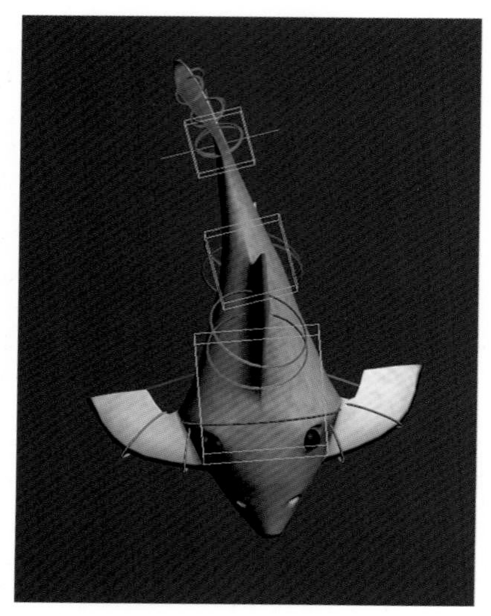

图 4–4–11　第 0 帧鱼的动态

12 调节第 20 帧鱼的动态。把时间滑块拖动到第 20 帧，确认自动关键点打开的状态，选择鱼头部控制器顺时针旋转 5 度；选择鱼身体第一个点控制器顺时针旋转 5 度；选择鱼身体第二个点控制器，顺时针旋转 10 度，完成鱼在第 20 帧的动态调整，状态如图 4–4–12 所示。

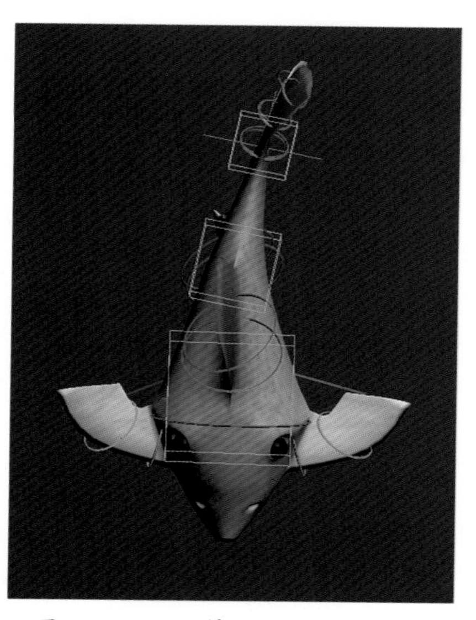

图 4–4–12　第 20 帧鱼的动态

13 复制关键帧。选择主控制器以外的所有控制器，在时间轴上框选第 0 帧，按下键盘上的 Shift 键的同时按下鼠标左键拖动，把选择的第 0 帧拖动到第 40 帧位置。释放所有按键，这样就可以把第 0 帧的参数复制到第 40 帧，至此，鱼的游动完成了一个循环。

14 制作循环动画。打开曲线编辑器，选择主控制器以外的所有控制器，在轨迹视图的编辑菜单中选择控制器下的超出范围类型命令，如图 4-4-13 所示，调出参数曲线超出范围类型对话框，选择向后循环按钮，如图 4-4-14 所示，点击确定，完成循环动画的设置。

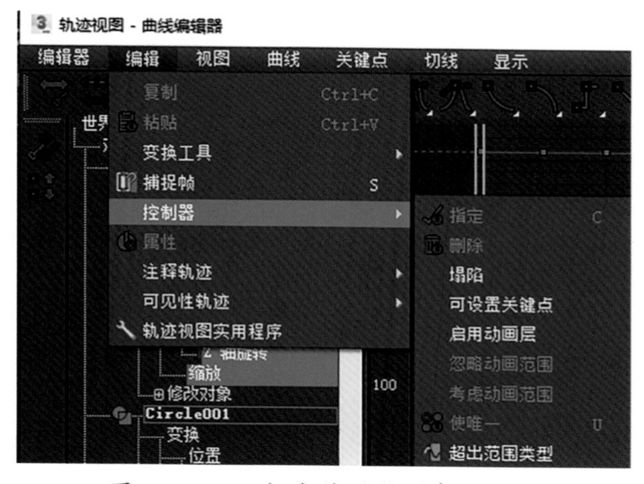

图 4-4-13　超出范围类型命令位置

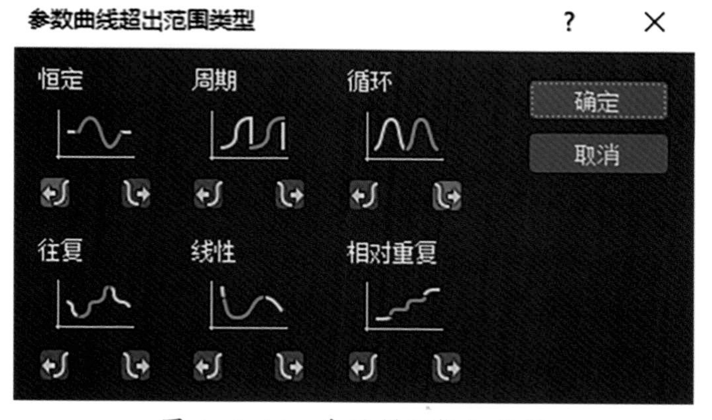

图 4-4-14　向后循环按钮位置

现在我们播放动画可以看到小鱼在原地游动。

15 制作位置动画。要让鱼在场景中游动，接下来只需要修改主控制器的位置就可以了。确认自动关键点在打开的状态下，把时间滑块拖动到第 90 帧，在顶视图，选择主控制器沿 y/x 轴向右下移动一段距离，把时间滑块拖动到最后一帧沿 y/x 轴向右上再移动一段距离，做好位置移动后再进行旋转的修改调整，直到游动的状态看起来比较满意为止，完成后的第 0 帧如图 4–4–15 所示，第 90 帧如图 4–4–16 所示，第 240 帧位置如图 4–4–17 所示。

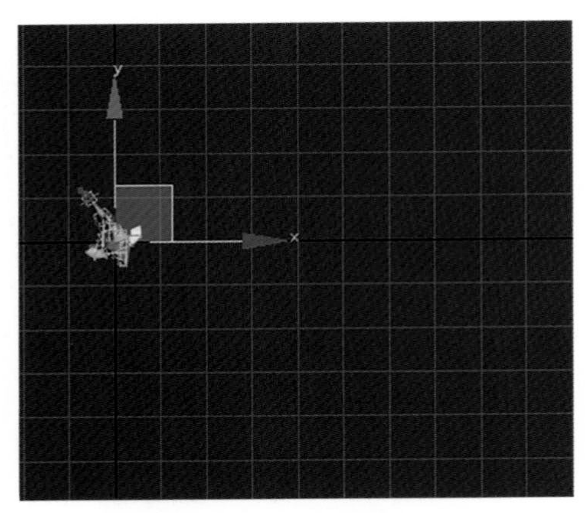

图 4–4–15　第 0 帧鱼的位置

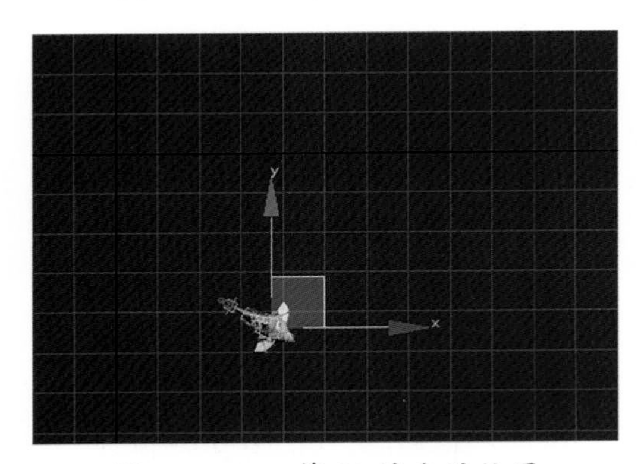

图 4–4–16　第 90 帧鱼的位置

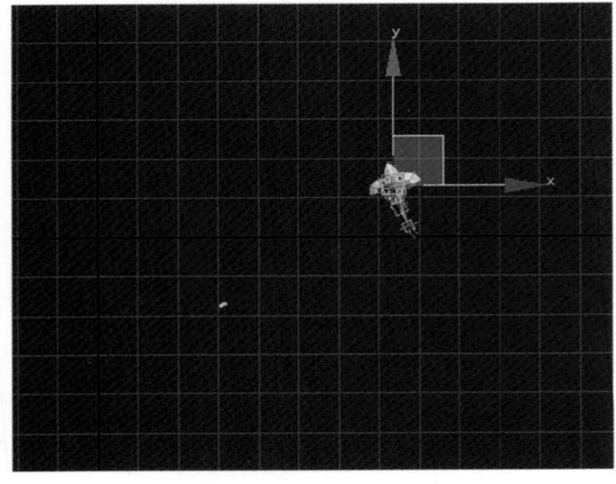

图 4–4–17　第 240 帧鱼的位置

现在我们完成了所有的场景动画，接下来就是渲染了。

任务五　分层渲染动画

任务目标

1. 通过本任务的学习掌握分层渲染的思路和方法。
2. 通过本任务的学习掌握在后期软件中合成动画的方法。

知识链接

1. 序列图片的渲染设置。
2. 对象属性的运用。
3. 合成动画。

技能训练

动画完成后要进行渲染输出。在我们这个案例中，鱼和荷花是两个场景，一种方法是进行场景的合并，然后渲染输出。用这种方法的时候，建议大家先打开小鱼游动的场景，然后把荷花场景合并进来，因为骨骼动画在场景合并中容易出现不可预料的错误。另一种方法是在两个场景中分别输出，不进行合并。特别是场景元素较多，材质、灯光设置较复杂的情况下尽量不合并，这样渲染速度会适当快些。我们用不合并场景、分别渲染的方法。

01 渲染小鱼动画。打开小鱼游动场景，在显示面板下关掉除几何体以外的所有类型号对象的显示，状态如图 4-5-1 所示。

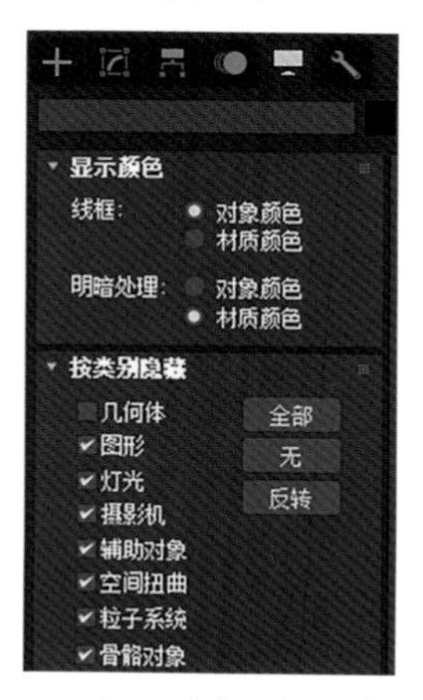

图 4-5-1　显示面板的隐藏类型设置

在透视图中把视图旋转到理想的位置，这个位置要参照你设定的鱼和荷花的位置关系。

02 打开渲染设置对话框，设置渲染参数。在公用参数面板中，时间输出选择活动时间段，输出大小选择 PAL（视频），如图 4–5–2 所示；选择保存文件，在打开的保存在对话框中，输入文件名，保存类型选择“.png”，选择保存路径设置独立的文件夹，点击保存按钮。

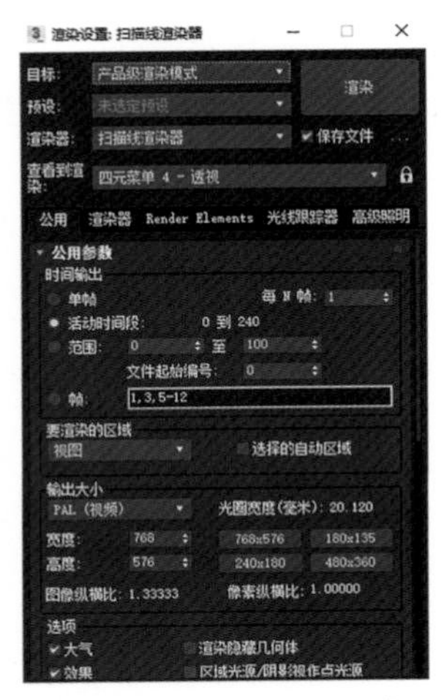

图 4–5–2　渲染设置参数

确认透视图在激活状态下，点击渲染按钮，等待渲染完成。

03 渲染荷花场景动画。打开荷花开放的场景文件，激活摄影机视图，因为鱼在游戏的时候会在最前面的荷叶后面游过，所在我们要把最前面的荷叶单独进行渲染。选择最前面的荷叶单击鼠标右键，选择对象属性，打开对象属性对话框，取消对摄影机可见选项的勾选，如图 4–5–3 所示。

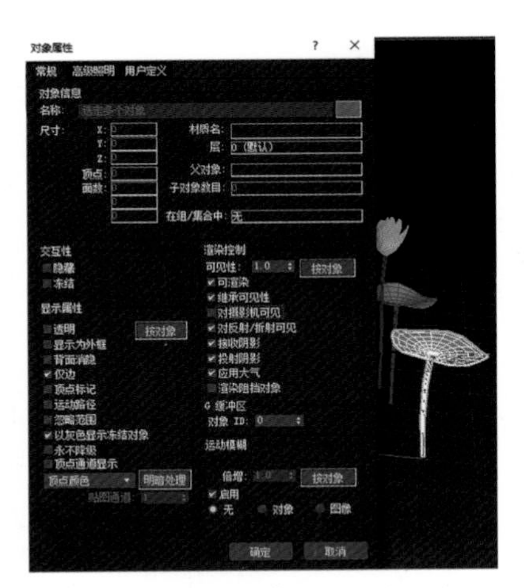

图 4–5–3　对象属性对话框

打开渲染设置对话框，进行参数设置。参数类型和鱼的设置保持一致即可，命名为荷花，进行保存，完成后点击渲染按钮等待渲染完成。这样渲染出来的序列图片是没有最前面的荷叶的。渲染完成后，我们再次打开最前面的荷叶的对象属性对话框，重新勾选对摄影机可见。选择前面渲染过的两组荷叶和荷花，取消对摄影机可见，再次进行渲染，取名为荷叶，输出荷叶的动画序列图片。

现在我们渲染输出了三组序列图片，分别是小鱼游动、荷花动画和荷叶动画。

04 合成动画视频文件。打开 Ae 软件，新建合成，将前面输出的三组序列图片作为素材导入进来，添加背景图片，进行一些效果设置，状态如图 4-5-4 所示。

图 4-5-4　后期软件中的图层关系

05 添加声音素材，完成视频的输出，状态如图 4-5-5、图 4-5-6、图 4-5-7 所示。

图 4-5-5　第 1 秒位置状态

图 4-5-6　第 6 秒位置状态

图 4-5-7　第 9 秒位置状态

如果在 Ae 中渲染输出的视频文件太大，可以试着用格式工厂进行转换压缩。我们的动画完成了，制作思路你清晰了吗？来，试试吧。

项目小结

通过本项目的制作，我们系统地学习了角色动画的制作思路和设计方法，学习了鱼类角色骨骼的设计创建和绑定以及角色模型的蒙皮、权重调节和动画制作，还学习了变形器修改器动画、循环动画的设置、设置关键点动画、自动关键点动画等的设置方法，你都掌握了吗？

拓展训练

完成项目四的动画的制作。思考一下还有什么动物可以应用样条线 IK 解算绑定骨骼，然后制作出自己的动画小片段。

项目五

小兔子

项目分析

首先观看案例视频文件小兔子 .avi，视频截图如图 5-1 所示。

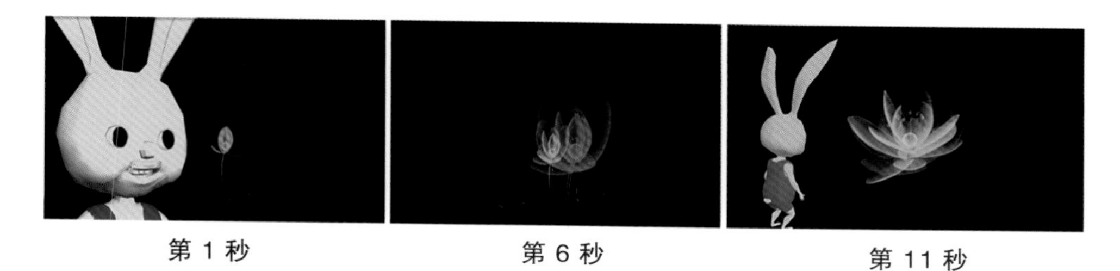

图 5-1　小兔子视频截图

通过本项目的制作我们将学习比较复杂角色的绑定方法以及表情动画。

知识目标

1. 掌握较复杂角色的分块方法。
2. 掌握卡通角色骨骼制作及绑定的方法。
3. 掌握表情动画的制作方法。
4. 掌握分块模型的蒙皮方法。
5. 掌握三维分镜的制作方法。
6. 掌握粒子碰撞特效的制作方法。

能力目标

1. 能够正确进行较复杂角色的分块设计。
2. 能够正确进行卡通角色骨骼绑定及蒙皮。
3. 能够根据卡通角色的运动规律制作动画。
4. 能够掌握制作三维分镜的方法。
5. 能够制作粒子碰撞特效动画。

任务一 角色模型分块设计

任务目标

通过兔子角色模型分块制作掌握较复杂模型分块的设计思路及方法。

知识链接

1. 模型的分块。

2. 贴图打组。

技能训练

模型分块：

在前面两个角色案例中，我们的模型就是一个完整的几何体，模型在蒙皮之后会出现很多权重分配不合理的地方，要花费大量的时间去调节权重，在这个案例里，我们学习把模型进行按部位分块，对不同部分的模型进行分别蒙皮，这样骨骼权重的自动分配会相对合理，从而降低权重调节的难度，节省权重调节的时间。现在我们学习兔子模型的分块方法。

01 打开兔子模型文件，我们看到场景中是一只人物化的卡通兔子，如图 5–1–1 所示。

图 5–1–1　兔子模型

02 我们要把它分块之前要设计好这个兔子要做些什么动作，根据动作的要求来作为划分的依据。在这个案例里，我们的动画设计是小兔子看到生日蛋糕后惊喜地喊道“Oh my God!”，也就是说我们的角色要有表情动画了，我们这个案例的表情动画用变形器修改器来完成。那么，这个模型的头部就需要单独划分出来，才好做表情。那么第一块我们就有了，状态如图 5-1-2 所示黄色高亮区域内就是我们划分出来的头部模型。

图 5-1-2　兔子头部模型划分区域

03 躯干部分，因为我们的兔子角色穿着衣服，而衣服的材质正好和身体是不一样的，我们以不同材质为依据把衣服的模型划分出来，状态如图 5-1-3 所示的黄色高亮区域。

图 5-1-3　兔子衣服模型的划分区域

04 头和衣服划分出去以后，四肢的模型互不相连，一起蒙皮的时候不存在权重互相影响的问题，那么四肢我们就可以把它作为一个模型保留着，状态如图 5-1-4 所示的黄色高亮区域。

图 5-1-4　四肢模型的划分区域

模型划分的方法：进入模型面的级别，选择需要划分出来的面，在修改面板下找到分离命令按钮单击，默认所选择的面就会被按对象分离出来。分别为分离出来的各部分重命名即可。另外，头部模型分离出来后需要把轴心居中到对象。

任务二　骨骼设计绑定

任务目标

通过本任务的学习，掌握卡通角色骨骼设计制作及绑定的思路和方法。

知识链接

1. 位置约束的应用方法。
2. 注视约束的应用方法。
3. 卡通角色骨骼的绑定。

技能训练

观察这个卡通兔子的模型形态和人物角色的形态是基本一致的，仅仅多出了长耳朵和尾巴。那么在做骨骼设计的时候就可以参照人物角色的骨骼来制作。

01 整理模型。切换到左视图，选择兔子模型，在显示面板中取消 [以灰色显示冻结对象] 选项，按下键盘上的 Alt+X 组合键透明显示模型，单击鼠标右键，在调出来的快捷菜单中选择 [冻结当前选择] 选项，状态如图 5-2-1 所示。

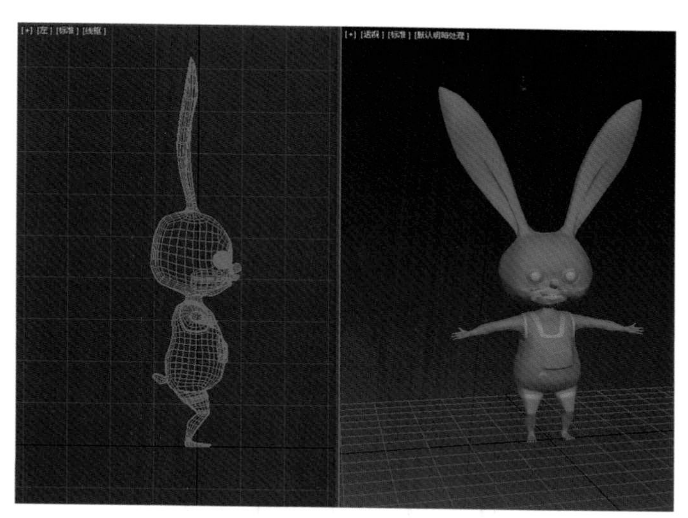

图 5-2-1　透明显示模型

02 创建下肢的骨骼链。在左视图盆腔位置从上向下创建根骨骼；接着从大腿根部向下创建三块骨骼完成腿部骨骼链的创建；从脚后根部向前到脚尖，然后折回脚面再到脚踝创建脚部骨骼链。创建完成后在透视图中观察，三条骨骼链都在中心位置，接下来要调整腿部和脚部骨骼链的位置。在 [动画] 菜单下选择 [骨骼工具] 命令打开骨骼工具对话框，点击 [骨骼编辑模式] 按钮进入骨骼编辑模式，在透视图中调整腿部骨骼的位置，状态如图 5-2-2 所示。

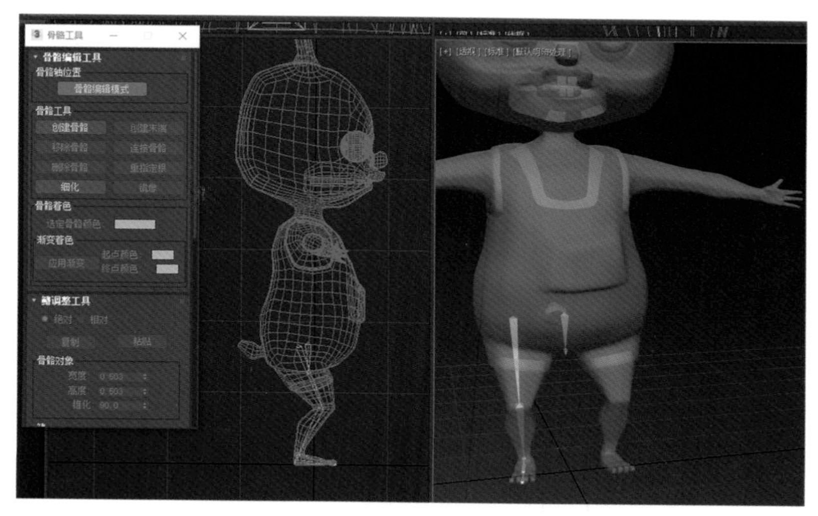

图 5-2-2　根骨骼和下肢骨骼的状态

03 创建向上的骨骼链。切换到右视图，从盆腔向上创建躯干骨骼链；从耳根向上创建耳朵骨骼链。状态如图 5–2–3 所示。

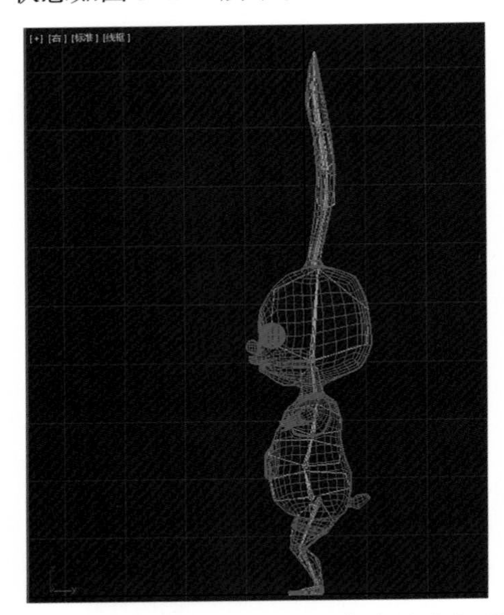

图 5–2–3 躯干骨骼链和耳朵骨骼链右视图状态

04 创建上肢骨骼链，调整骨骼位置并展鳍。在前视图创建胳膊的骨骼链以及手掌和手指骨骼。打开骨骼工具对话框，进入骨骼编辑模式。在透视图中调整耳朵骨骼、胳膊骨骼和手掌手指骨骼的位置，使它们适配模型。在修改面板中展开骨骼的鳍，原则上不溢出模型即可，状态如图 5–2–4 所示。

图 5–2–4 完成展鳍后的兔子骨骼状态

05 调整坐标系为复制骨骼做准备。选腿部骨骼，在工具栏上选择 [世界] 坐标系世界坐标中心，状态如图 5-2-5 所示。

图 5-2-5　坐标系统切换

06 复制骨骼。选择腿部骨骼，点击工具栏上的 [镜像] 按钮，选择镜像复制，另一侧的腿部骨骼被复制完成，分别把一侧的所有骨骼链用相同的方法进行镜像复制，完成兔子身体骨骼的创建，状态如图 5-2-6 所示。

图 5-2-6　兔子身体骨骼创建完成状态

07 创建舌头的骨骼。从舌根部开始向舌尖创建带动舌头运动的骨骼，因舌头较软，所以要多创建几块，状态如图 5-2-7 所示。

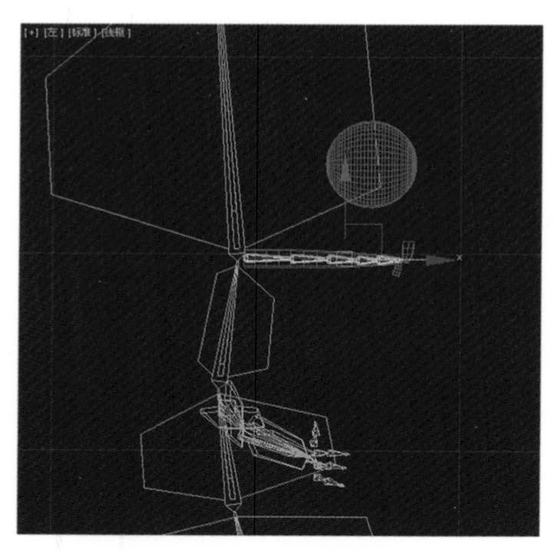

图 5-2-7　舌部骨骼的形状及位置

08 链接骨骼链。骨骼创建完成后，需要把它们按层级链接给根骨骼，以便根骨骼带动全部骨骼运动（脚部骨骼除外，因为要做反向动力学的绑定，让脚带动腿，所以不能把脚骨骼子给腿部骨骼）。选择工具栏上的选择并链接工具，把两个耳朵的根骨骼链接给头顶骨骼，把手指骨骼分别链接给手掌骨骼，把手掌骨骼链接给胳膊末端骨骼，把胳膊根骨骼链接给胸腔骨骼，把腰部骨骼链接给根骨骼，把腿部根骨骼链接给根骨骼，链接完成后，选择根骨骼移动测试，除脚以外的所有骨骼都会跟着根骨骼移动，状态如图 5-2-8 所示。

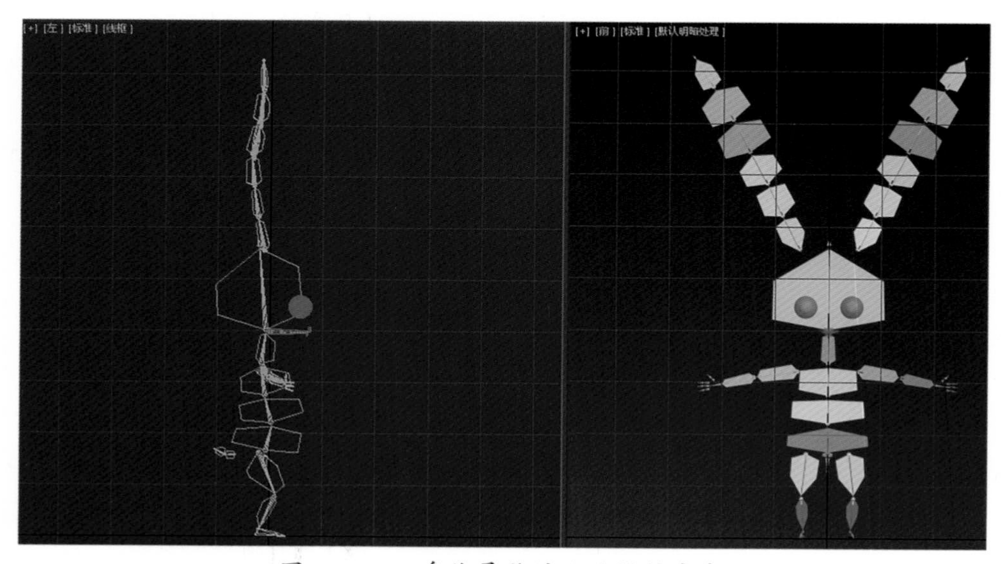

图 5-2-8　身体骨骼的父子链接完成

09 重命名骨骼。在角色动画制作过程中，不可避免地会出现多个角色在同一个场景中出现的问题，如果骨骼不命名，会带来很多麻烦。所以在骨骼创建完成后，需要为骨骼重命名。选择要重命名的骨骼，在 [工具] 菜单下选择 [重命名对象] 命令调出重命名对象对话框，输入基础名称，前缀名称，后缀名称等，如果是重命名一个骨骼链一定要勾选编号，完成选择后点击重命名按钮，完成骨骼的重命名，如图 5-2-9 所示。

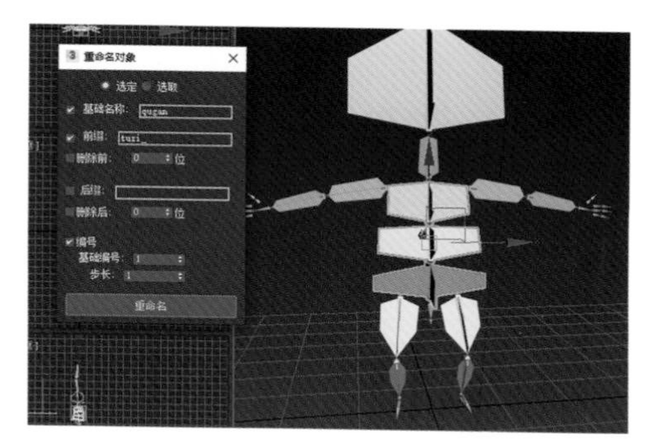

图 5-2-9 骨骼的重命名设置

10 检查层级关系。点击工具栏上的 [图解视图] 按钮，打开图解视图，检查各部位骨骼父子链接关系是否正确，状态如图 5-2-10 所示。

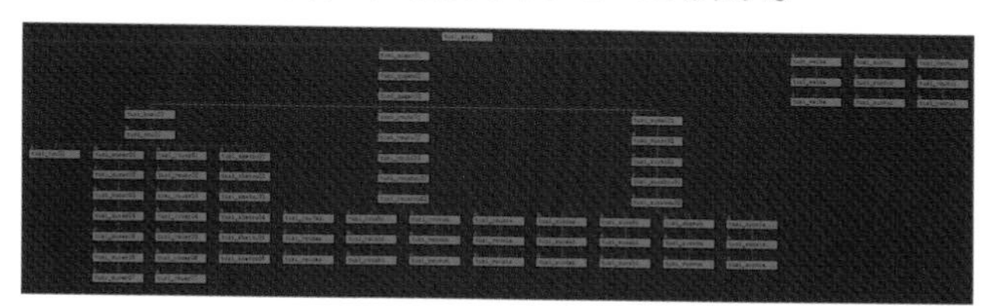

图 5-2-10 图解视图中的层级关系

11 创建选择集。因为模型是分块儿的，各部分对应的骨骼不同，所以，我们要制作不同的骨骼选择集，以便蒙皮过程中快速选择骨骼。选择头部的骨骼，点击工具栏上的 [创建选择集] 按钮，调出创建选择集对话框，输入名称，如图 5-2-11 所示。

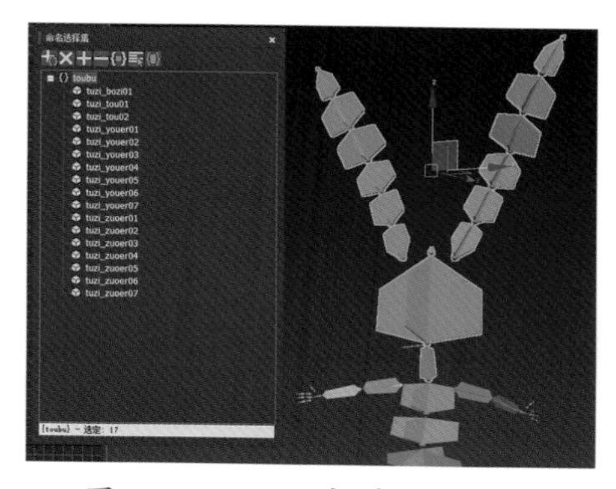

图 5-2-11 头部骨骼选择集

12 选择舌头的骨骼，点击工具栏上的 [创建选择集] 按钮，调出创建选择集对话框，输入名称，如图 5–2–12 所示。

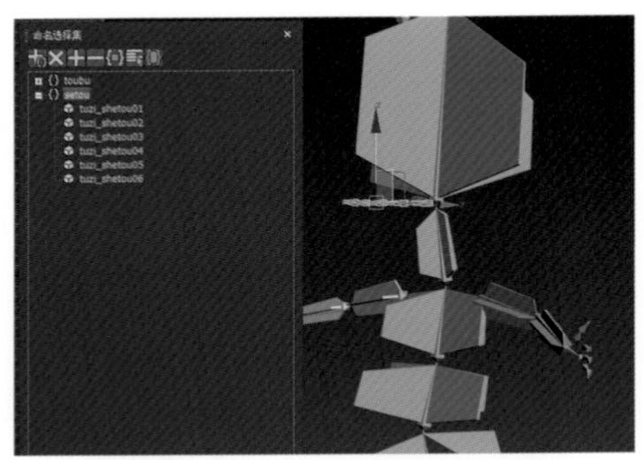

图 5–2–12　舌头骨骼选择集

13 选择双臂和胸腔的骨骼，点击工具栏上的 [创建选择集] 按钮，调出创建选择集对话框，输入名称，如图 5–2–13 所示。

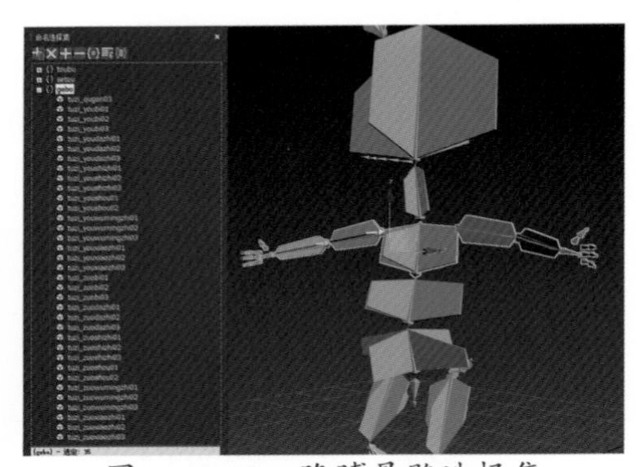

图 5–2–13　胳膊骨骼选择集

14 选择左腿和左脚的骨骼，点击工具栏上的 [创建选择集] 按钮，调出创建选择集对话框，输入名称，如图 5–2–14 所示。

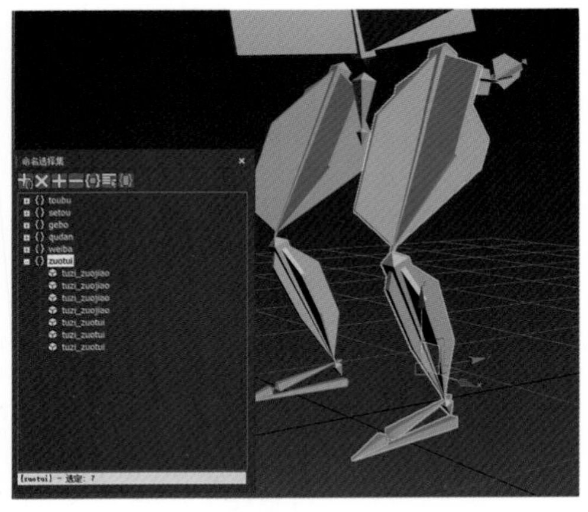

图 5–2–14　左腿骨骼选择集

15 选择右腿和右脚的骨骼，点击工具栏上的 [创建选择集] 按钮，调出创建选择集对话框，输入名称，如图 5-2-15 所示。

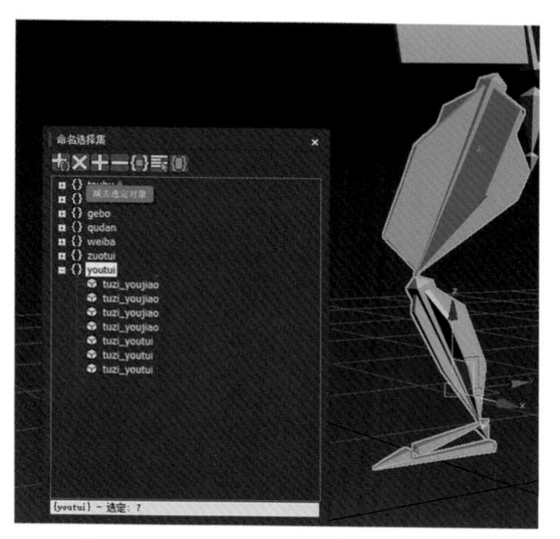

图 5-2-15　右腿骨骼选择集

16 选择躯干的骨骼，点击工具栏上的 [创建选择集] 按钮，调出创建选择集对话框，输入名称，如图 5-2-16 所示。

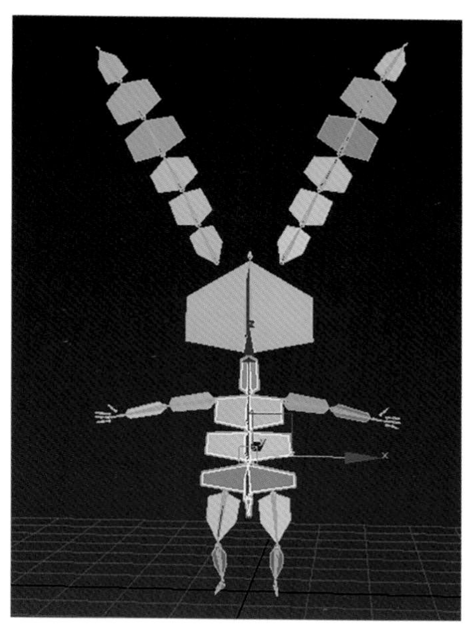

图 5-2-16　躯干骨骼选择集

骨骼的选择集制作完成后，接下来制作控制器。

17 制作根骨骼控制器。在顶视图创建一个圆形（在创建面板中的创建二维图形面板选择圆形，在顶视图按下鼠标左键拖动。）在圆形的修改面板中打开渲染卷展栏，勾选 [在渲染中启用] 和 [在视口中启用] 设置径向厚度值和边数的值，状态

如图 5-2-17 所示。

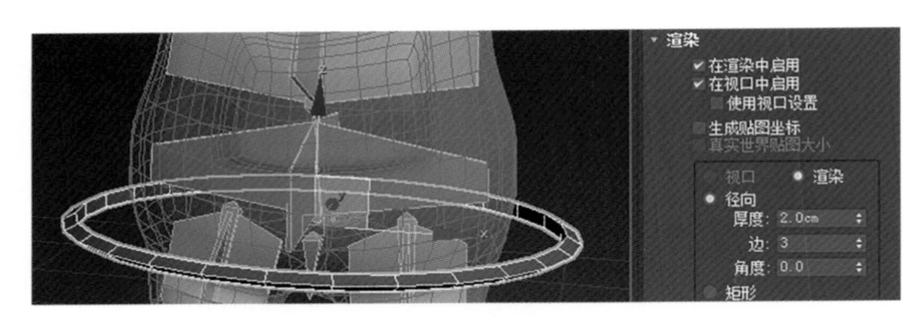

图 5-2-17　圆形控制器的参数设置

18 控制器对齐骨骼。选择圆形控制器单击工具栏上的对齐按钮，在场景中单击腰部第一节骨骼，参数设置如图 5-2-18 所示。

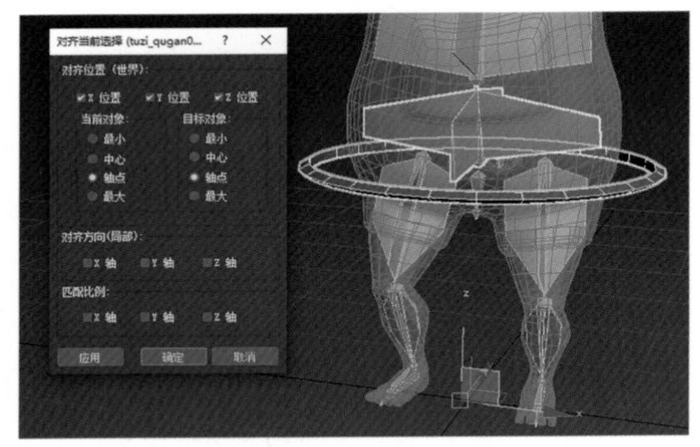

图 5-2-18　控制器对齐骨骼

19 完成控制器的制作。用相同的方法制作其他骨骼的控制器，分别对齐所控制的骨骼，为了区别主控制器的类别，把左右两边的控制器设置成不同的颜色。状态如图 5-2-19 所示。

图 5-2-19

控制器制作完成后开始进行与骨骼的绑定。

20 腿部绑定。选择腿部第一根骨骼，单击动画菜单下的[IK解算器]命令下的[HI解算器]在场景中单击腿部末端骨骼，完成HI解算，把生成的十字手柄子链接给脚面末端骨骼，把脚底骨骼子链接给脚底控制器，完成腿部的绑定，选择脚底控制器移动，腿跟着抬起来，状态如图5-2-20所示。

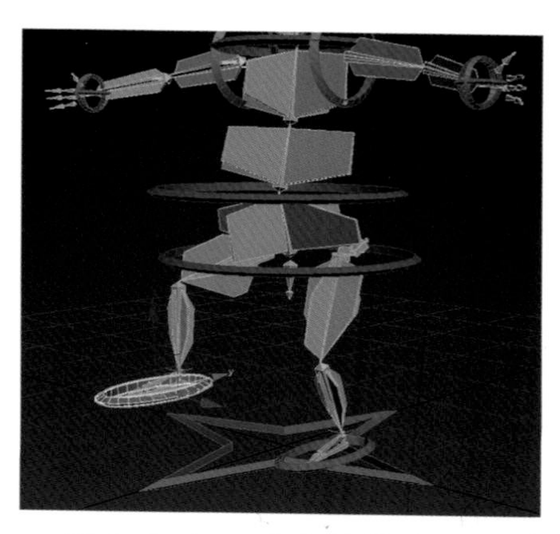

图5-2-20　足底控制器测试

21 身体骨骼绑定完成。躯干骨骼的控制用控制器方向约束骨骼的方式制作，胳膊的绑定仍然用HI解算，具体操作步骤可以参看项目三中精灵骨骼的绑定。耳朵的绑定，也采用HI解算，把解算手柄子链接给耳尖的虚拟对象控制器，然后把虚拟对象子链接给头顶末端骨骼。绑定完成的状态如图5-2-21所示。

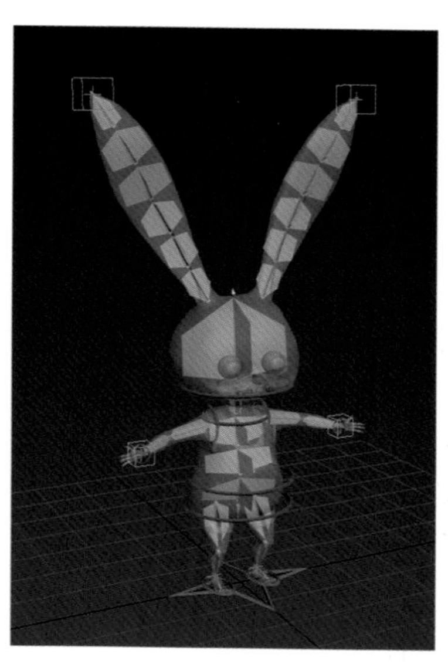

图5-2-21　兔子身体骨骼绑定完成

22 舌头骨骼绑定。制作和舌头骨骼一样多的虚拟对象，并分别对齐每根骨骼。

这样每根骨骼和大头和小头分别有一个虚拟对象控制器。选择骨骼，单击动画菜单下约束命令下的位置约束，在场景中单击骨骼大头的虚拟对象，创建虚拟对象对骨骼的位置约束。在修改面板下勾选保持初始偏移。选择骨骼，单击动画菜单下的约束命令下的注视约束，在场景中单击骨骼小头的虚拟对象，创建骨骼对小头虚拟对象的注视约束，勾选修改面板下的保持初始偏移选项。对每一根骨骼进行位置和注视约束的操作，完成舌头骨骼的绑定，选择舌头前面的虚拟对象进行移动，骨骼会跟踪虚拟对象进行伸缩变化，状态如图 5–2–22 所示。

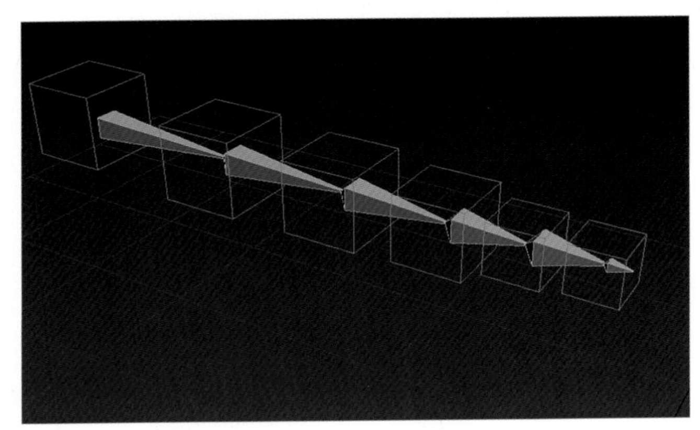

图 5–2–22　舌头骨骼和控制器的位置关系

23 眼睛的绑定。制作两个虚拟对象，分别注视约束两个眼球，再制作一个矩形控制器，把两个虚拟对象子链接给它。具体的操作方法可以参看项目三精灵眼睛绑定。控制器位置状态如图 5–2–23 所示。

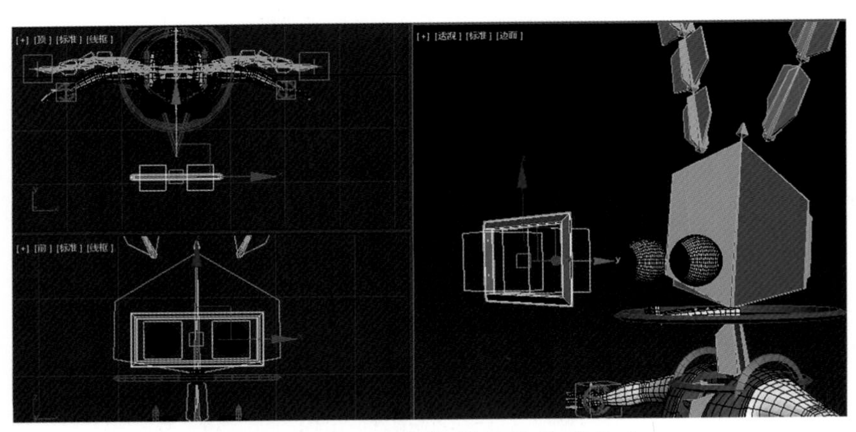

图 5–2–23　眼睛控制器的位置状态

24 最后，牙齿需要两根骨骼来带动。创建如图 5–2–24 位置所示的两根骨骼，分别把牙齿子链接给它们。制作两个半圆形控制器控制上下牙骨骼的旋转。位置状态如图 5–2–24 所示。

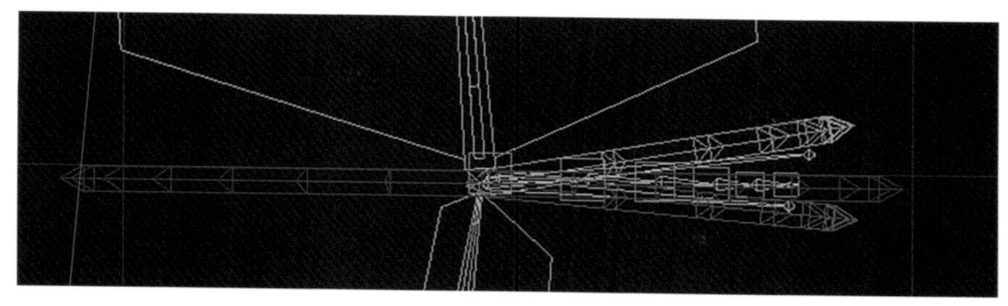

图 5-2-24　上下牙控制器的位置状态

完成绑定后，测试一下，移动、旋转、缩放总控制器，所有的控制器和骨骼都会跟着改变说明绑定无误解，如果有局部没有跟着动，说明有绑定错误的地方。小兔子的骨骼，你绑好了吗？

任务三　表情动画制作

任务目标

本任务中我们通过制作小兔子的表情，掌握用变形器修改器制作表情动画的方法。

知识链接

1. 表情的制作方法。
2. 变形器修改器的设置方法。

技能训练

01 打开任务二中制作完成的小兔子场景文件，隐藏骨骼对象，选择头部模型进行复制，状态如图，如图 5-3-1 所示。

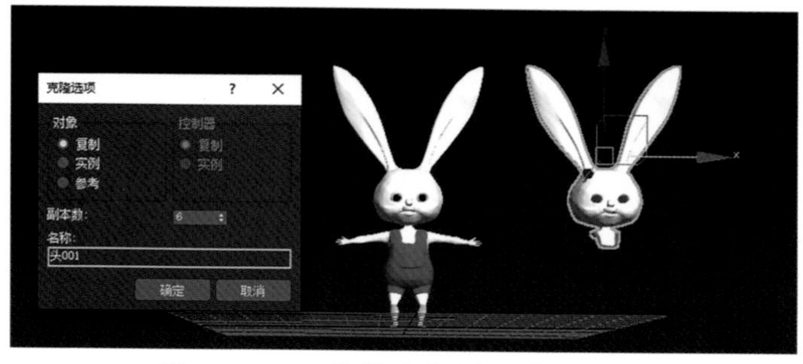

图 5-3-1　复制头部模型参数设置

02 复制的时候要记得把眼睛一起选择进来，不然在眼睛表情的时候没有参照物，复制的数量根据制作表情的丰富程度来定，在这个案例中我们不制作太复杂的表情，所以复制出来六个，状态如图 5-3-2 所示。

图 5-3-2　头部模型复制完成状态

03 制作右嘴角上扬的表情。选择复制出来的第一个模型，在修改面板下，进入点级别，打开软选择，勾选使用软选择，在场景中选择嘴角的一个点，调整衰减值到适当大小，如图 5-3-3 所示。

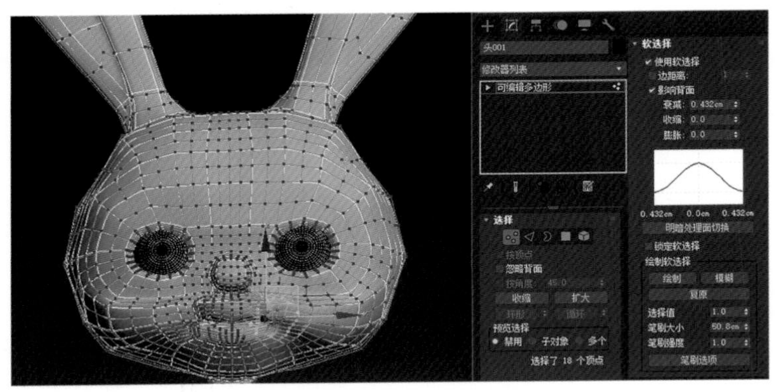

图 5-3-3　软选择影响区域设置

调整顶点的位置，到嘴角扬起状态，如图 5-3-4 所示。

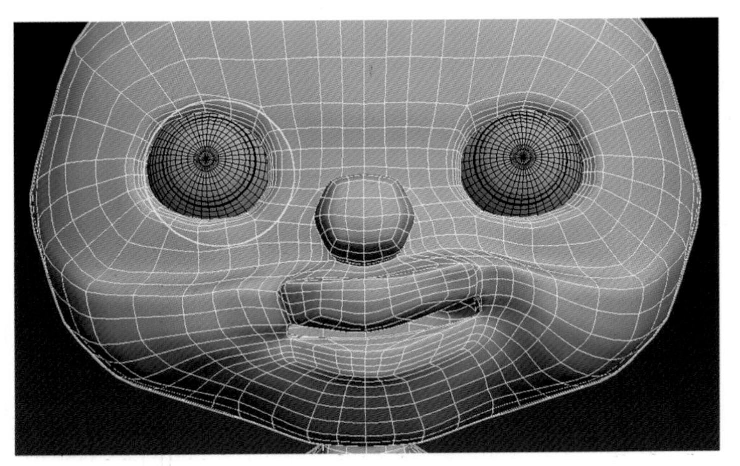

图 5-3-4　第一个模型调整完成状态

04 用相同的方法继续调整第二个模型，把左边嘴角扬起，状态如图 5-3-5 所示。

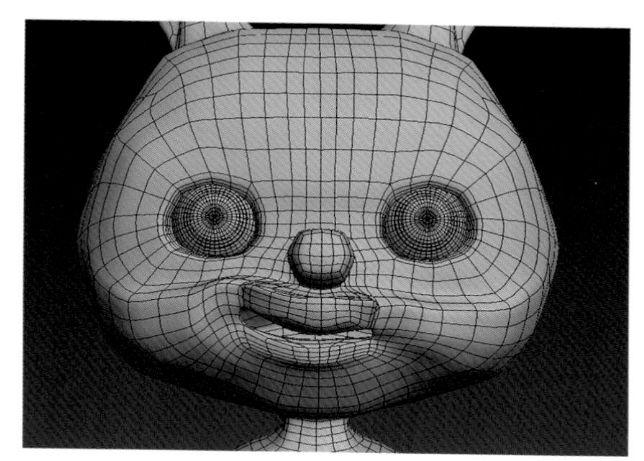

图 5-3-5　第二个模型调整完成状态

05 接着调整第三个模型的状态，如图 5-3-6 所示。

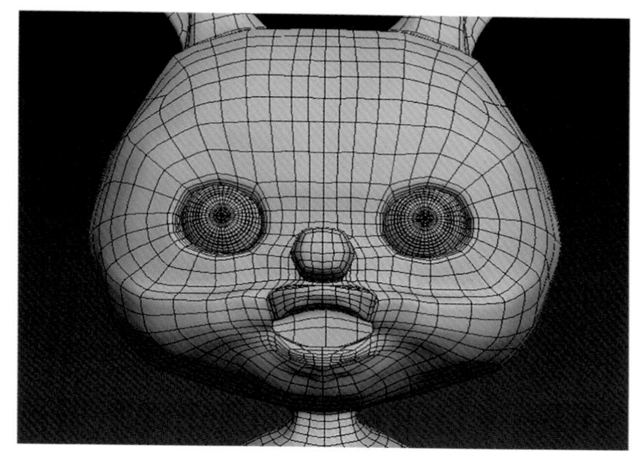

图 5-3-6　第三个模型调整完成状态

06 调整第四个模型的状态，如图 5-3-7 所示。

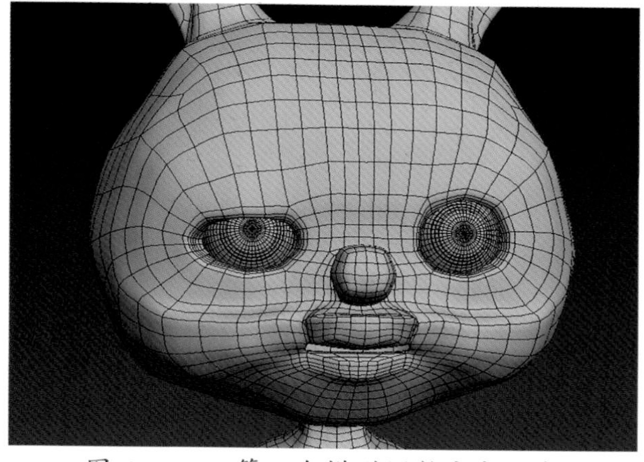

图 5-3-7　第四个模型调整完成状态

07 接着调整第五个模型的状态，如图 5-3-8 所示

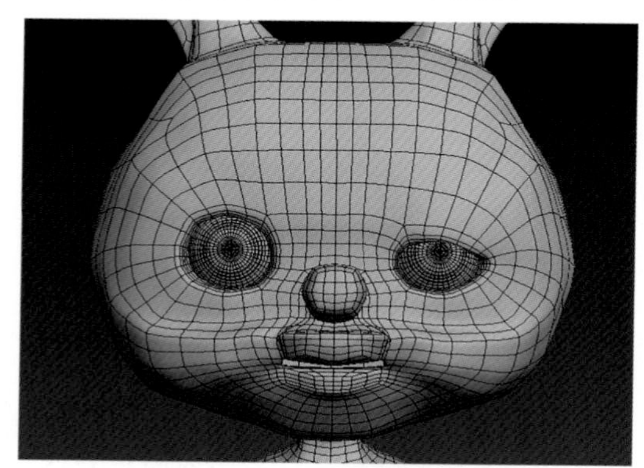

图 5-3-8　第五个模型调整完成状态

08 接着调整第六个模型的状态，如图 5-3-9 所示。

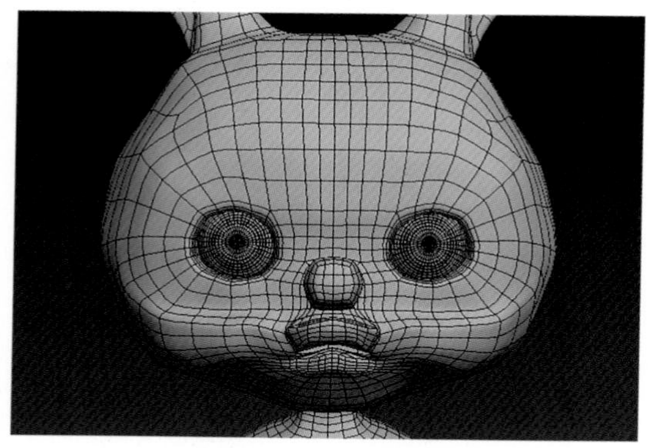

图 5-3-9　第六个模型调整完成状态

09 添加变形器修改器。选择原始的兔子头部模型，在修改面板中的修改器列表中找到 [变形器] 修改器单击，为兔子头部模型添加了一个变形器修改器，状态如图 5-3-10 所示。

图 5-3-10

10 在变形器的通道列表中，单击加载多个目标按钮，在场景中，依次单击复制出来的头部模型，把它们分加添加到通道中，调节通道数值，可以看到兔子表情的变化，状态如图 5-3-11 所示。

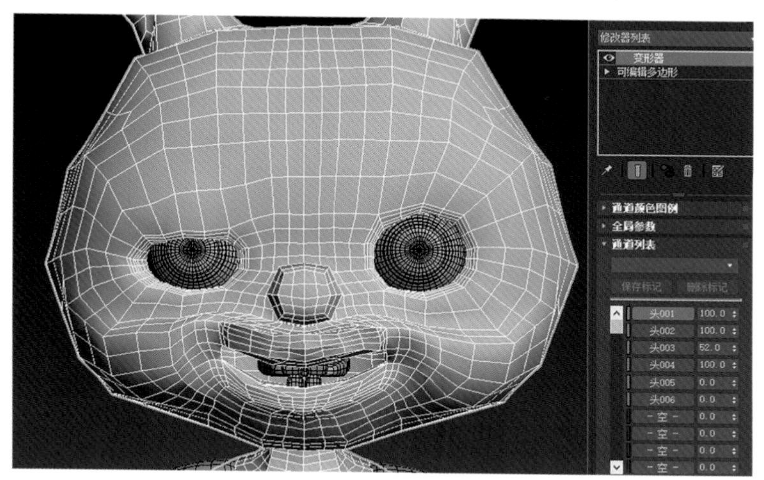

图 5-3-11　表情动画检测

角色分块完成，骨骼选择集制作完成，骨骼绑定完成，表情通道添加完成，接下来我们可以为角色蒙皮了。

任务四　角色蒙皮及权重测试

任务目标

通过本任务的学习掌握分块蒙皮的操作方法。

知识链接

分块蒙皮。

技能训练

打开前面制作好的场景，隐藏复制出来的头部模型，在显示面板中取消骨骼的隐藏。

01 头部模型蒙皮。选择头部模型，在修改器列表中选择蒙皮修改器，在蒙皮参数面板中的骨骼选项后边点击 [添加] 按钮，调出选择骨骼对话框，在选择集后面选择“toubu”选择集，单击选择按钮，如图 5-4-1 所示。

图 5-4-1　选择骨骼对话框

点击选择按钮后头部骨骼会被添加进来，我们旋转脖子控制器，头部模型跟着转动，状态如图 5-4-2 所示。

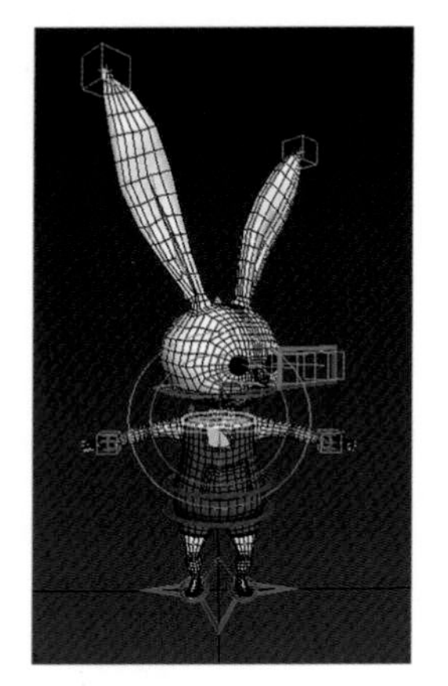

图 5-4-2　头部蒙皮测试

02 用相同的方法为身体其他部分的蒙皮，蒙皮完成后调节控制器，测试一下蒙皮效果，状态如图 5-4-3 所示。

图 5-4-3　测试蒙皮效果

经过测试找出权重不合理的地方进行单独调整，调整权重的方法可参看项目三中权重的调节。

现在我们完成了蒙皮和权重调节，接下来可以制作动画了。

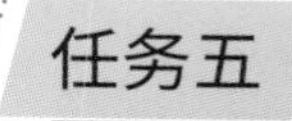

任务五　小兔子动画制作

任务目标

通过本任务的学习掌握动画分段渲染输出的思路和方法。

知识链接

1. 动画的设置。
2. 镜头的设计。
3. 输出序列图片。

技能训练

在开始制作动画前要设计好我们的动作。在这个片段中，小兔子角色有两段动画表演，一是表情由平静转为惊喜，另一段是背影，从低头状态抬起头来。另外的画面是花开的动画。要让小兔子角色和花有交互的感觉，就需要考虑镜头的处理，这属于动画分镜的知识范畴，在这里我们不做过多的讲述。现在让我们选择来制作小兔子的表情动画。

01 设置动画时间。打开上个任务制作完成的场景文件，把文件另存一个名称为“小兔子表情动画”。在时间轴上点击时间配置按钮调出时间配置对话框，设置结束时间为 60，状态如图 5-5-1 所示。

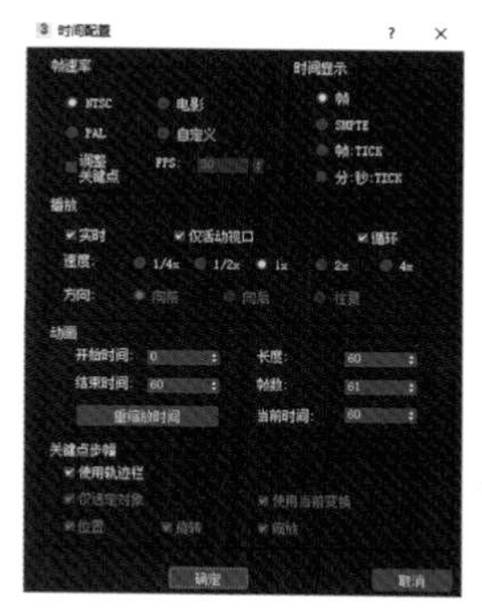

图 5-5-1　时间配置设置

点击确定按钮后我们的时间线上就只有 60 帧了。

02 创建摄影机。在显示面板中隐藏图形、辅助对象和骨骼选项，旋转透视图到如图 5-5-2 状态所示，按下键盘上的 Ctrl+C 组合键创建一个摄影机，透视图转换为摄影机视图。

图 5-5-2　摄影机视图状态

03 选择头部模型，在修改面板下的修改器堆栈中选择变形器，如图 5-5-3 所示。

图 5-5-3　选择变形器修改器

04 把时间滑块拖到第 0 帧，确定变形器通道列表中各数值都为 0，这个时候初始模型的表情就是第 0 帧的表情，如图 5-5-4 所示。

图 5-5-4　第 0 帧表情

05 打开自动关键点按钮，把时间滑块拖动到第 50 帧，调整变形器通道中控制嘴角上扬的两个通道值和嘴张开的通道值，调整惊喜的表情，取消图形的隐藏，把上牙控制器向上旋转，下牙控制器向下旋转，完成表情的制作，如图 5-5-5 所示。

图 5-5-5　第 50 帧表情

最后 10 帧不动。

点击播放按钮，系统自动生成了小兔子从平静到惊喜的表情中间的动画。

接下来制作抬头的动画。

06 打开保存的骨骼绑定原始文件，另存为“小兔子抬头动画”。在时间配置面板中把时间设置为 60 帧。在透视图旋转视图到如图 5-5-6 所示位置，按下键盘上的 Ctrl+C 组合键创建摄影机。

图 5-5-6　摄影机视图状态

07 在选择过滤器中选择几何体，框选场景中的几何体进行冻结。把选择过滤设置为全部，把时间滑块拖到第 60 帧，框选场景中所有的控制器，打开设置关键帧，点击设置关键帧按钮，这样我们把模型的初始的直立状态设置到了第 60 帧，如图 5-5-7 所示。

图 5-5-7　第 60 帧状态

08 打开自动关键点按钮，把时间滑块拖动到第 0 帧，调整各控制器，最终状态如图 5-5-8、图 5-5-9 所示。

图 5-5-8　摄影机视图第 0 帧状态

图 5-5-9　左视图第 0 帧状态

点击播放按钮，可以看到从第 0 帧到第 60 帧小兔子抬起了头。

接下来进行渲染输出序列图片，在渲染设置面板中，设置活动范围从第 0 到 60 帧，输出大小为 1920*1080，输出格式为 .png 格式，保存到名称为“兔子抬头”的文件夹中以备后期使用。用同样的方法把小兔子表情的动画保存到“兔子表情”的文件夹中备用。

制作完成了小兔子的两段动画后，接下来再做小花的动画和特效。

任务六　小花动画特效制作

任务目标

通过本任务的学习掌握粒子碰撞特效动画的制作思路和方法。

知识链接

1. 花开动画的设置。
2. 粒子动画材质的设置。
3. 导向板动画制作。

技能训练

这段小花的动画包括“花开放”和“粒子飘散”两部分。我们现在先来制作“花开放”。

一、制作花瓣的变形动画

现在让我们来着手制作花瓣的变形动画。

01 新建文件，在场景中制作一朵花瓣，如图 5–6–1 所示。

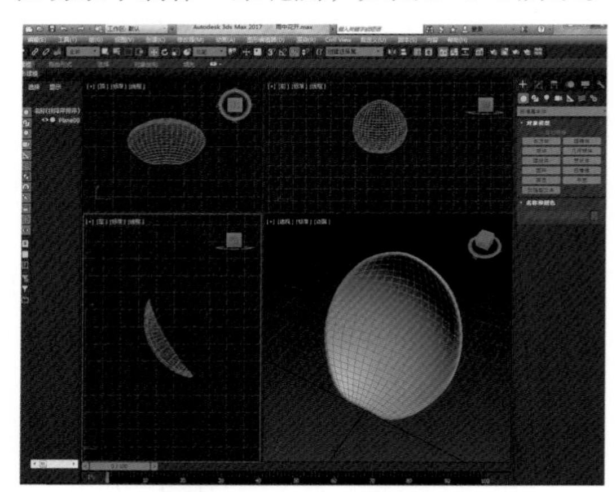

图 5–6–1　制作花瓣

02 在原位置复制出来一个花瓣，并添加 FFD 修改器，如图 5–6–2 所示。

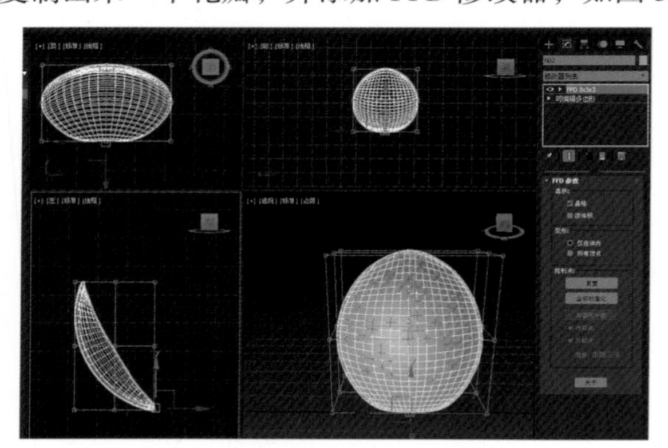

图 5–6–2　复制花瓣并添加 FFD 修改器

03 对复制出来的花瓣进行修改，状态如图 5–6–3 所示。

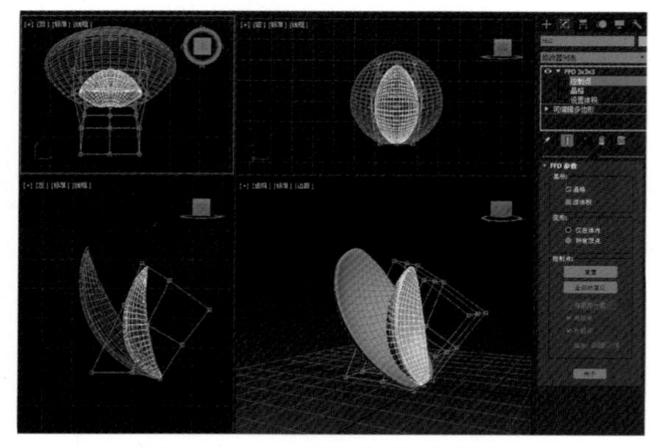

图 5–6–3　修改花瓣形状

04 把第一个花瓣再原位置复制出来一个，并添加 FFD 修改器，状态如图 5-6-4 所示。

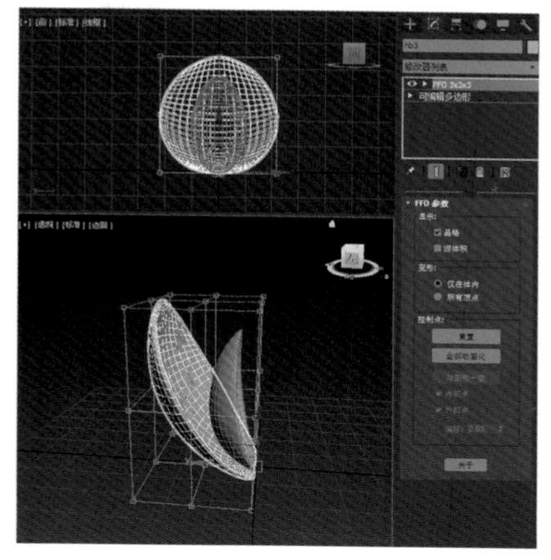

图 5-6-4　复制花瓣并添加 FFD 修改器

05 调整花瓣的状态如图 5-6-5 所示。

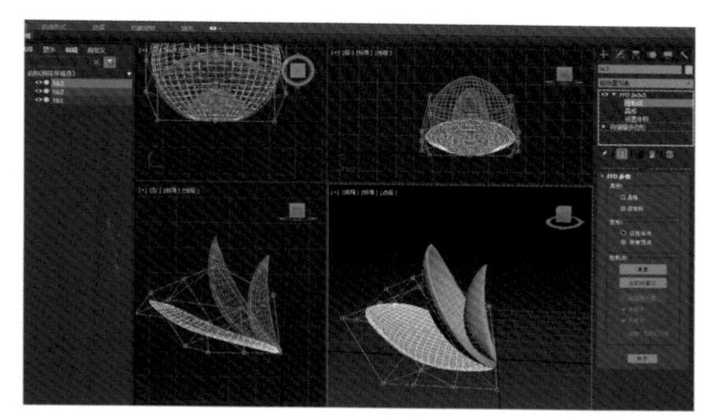

图 5-6-5　调整花瓣状态

06 把调整好的三片花瓣塌陷，状态如图 5-6-6 所示。

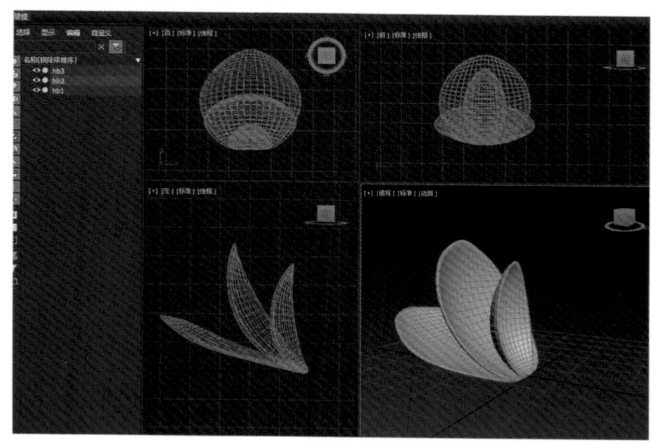

图 5-6-6　塌陷花瓣

07 选择第一片花瓣添加变形器修改器，状态如图 5-6-7 所示。

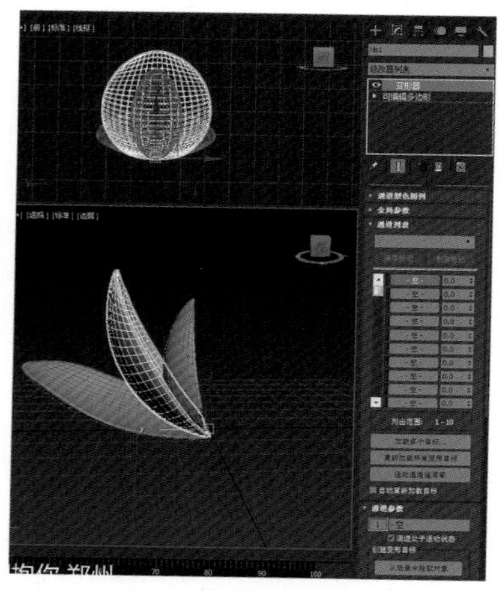

图 5-6-7　为第一片花瓣添加变形器修改器

08 在通道列表中点击加载多个对象，调出加载多个目标对话框，选择复制调整出来的两个花瓣，如图 5-6-8 所示。

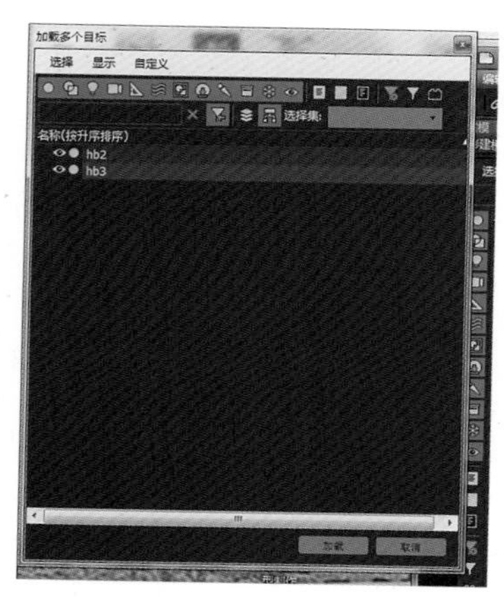

图 5-6-8　加载多个对象选择

09 加载完成后的状态如图 5-6-9 所示。

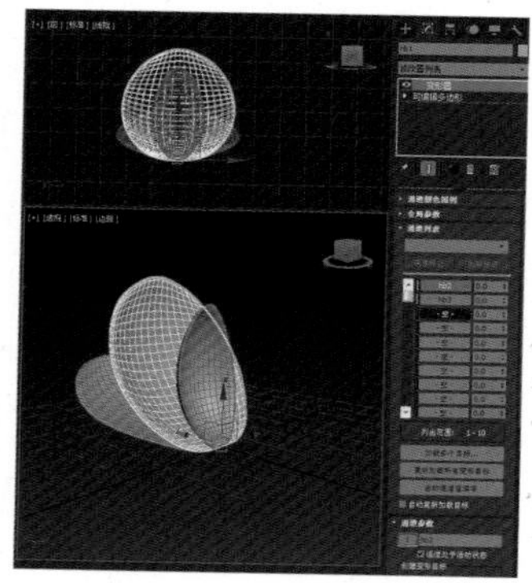

图 5-6-9　加载完成的状态

10 现在来测试一下动画效果，把 hb2 通道的值调整为 100，花瓣变形为状态如图 5-6-10 所示。

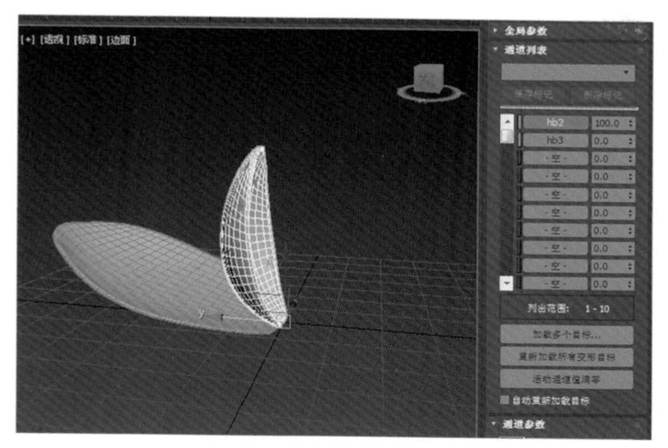

图 5-6-10 修改通道 hb2 的值为 100 的状态

11 把 hb2 通道值归 0，调整 hb3 通道值为 100，状态如图 5-6-11 所示。

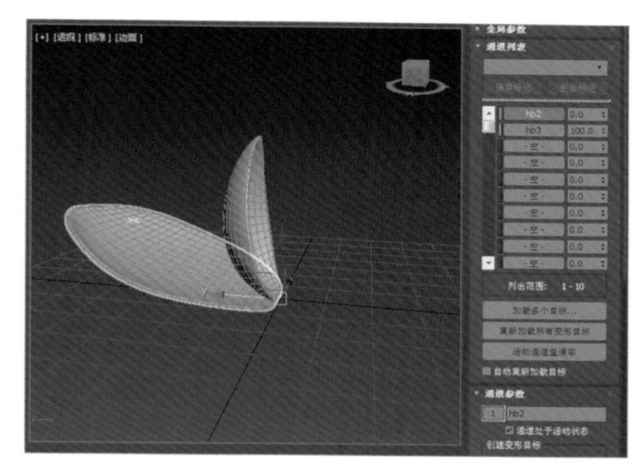

图 5-6-11 hb2 通道为 0，hb3 通道值为 100 的状态

12 通过测试，看到我们的花瓣的变形没有错误，现在，选择复制出来的两个花瓣模型 hb1 和 hb2 进行隐藏，场景中可以看到的只有添加了变形器修改器的 hb1 模型，如图 5-6-12 所示。

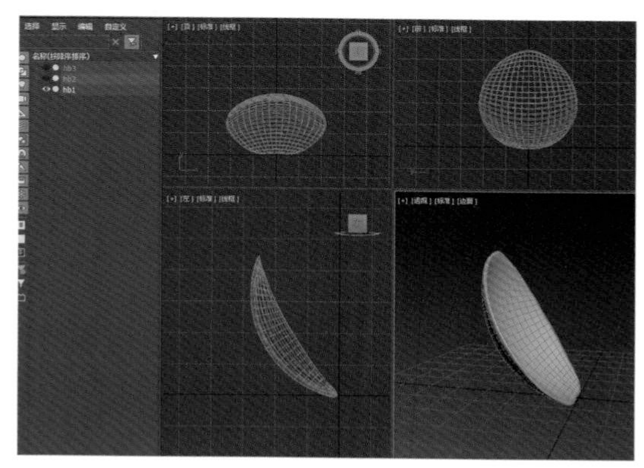

图 5-6-12 隐藏不需要显示的模型

13 接下来制作花瓣开放的动画。把时间滑块拖动第 0 帧打开自动关键点，状态如图 5-6-13 所示。

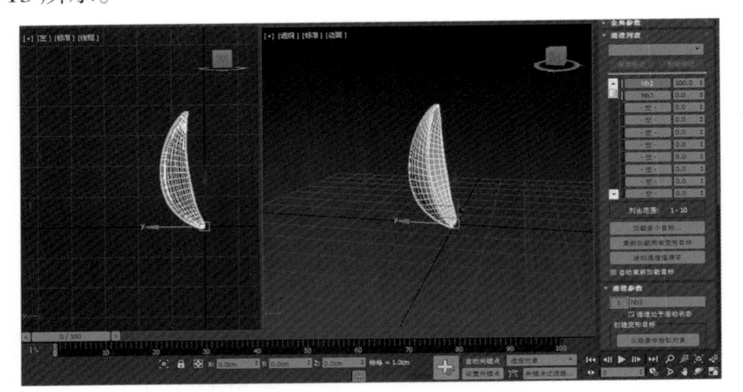

图 5-6-13 第 0 帧参数设置

14 把时间滑块拖动到第 48 帧，调整参数如图 5-6-14 所示。

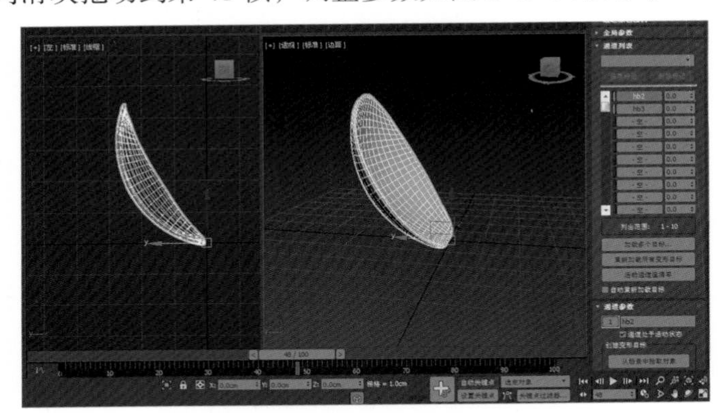

图 5-6-14 第 48 帧参数设置

15 把时间滑块拖动画第 96 帧，参数设置如图 5-6-15 所示。

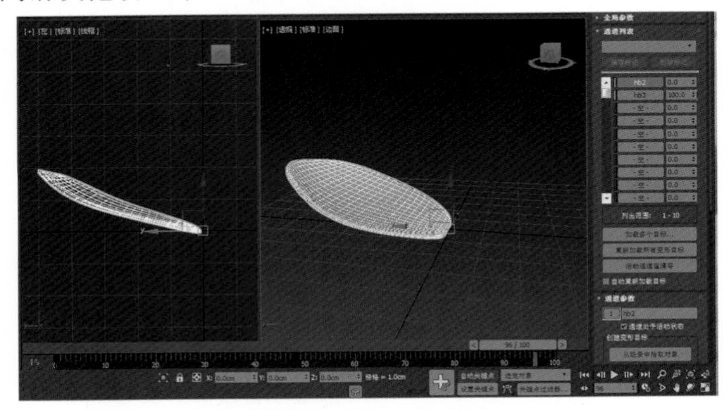

图 5-6-15 第 96 帧参数设置

16 播放动画，可以看到花瓣开放的动画。关闭自动关键点。完成花瓣动画的制作。

二、制作花朵开放的动画

花瓣的动画制作完成后我们开始花朵开放动画的制作。

选择花瓣模型，旋转复制出来两个，如图 5-6-16 所示。

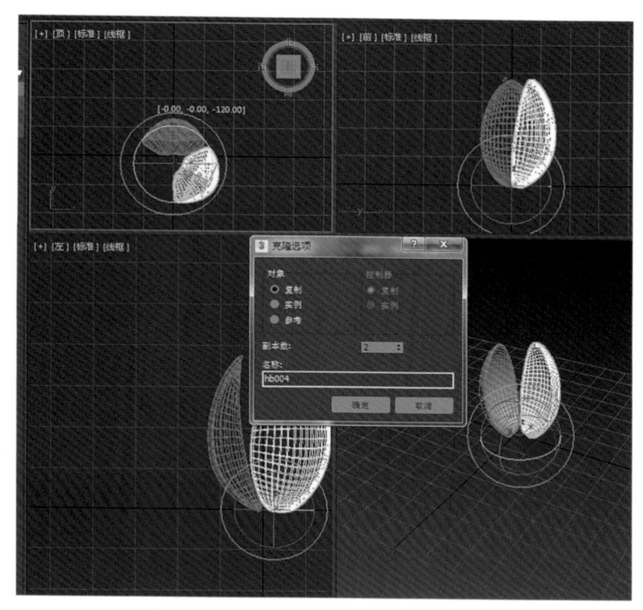

图 5-6-16　旋转复制花瓣模型

17 调整花瓣的位置，避免模型互相穿插，状态如图 5-6-17 所示。

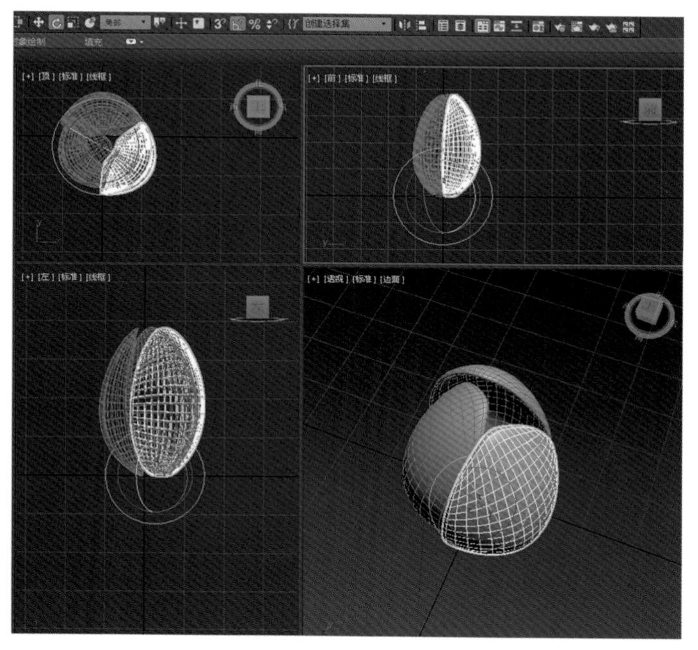

图 5-6-17　调整花瓣模型位置

18 同时选择三个花瓣进行缩放复制，状态如图 5–6–18 所示。

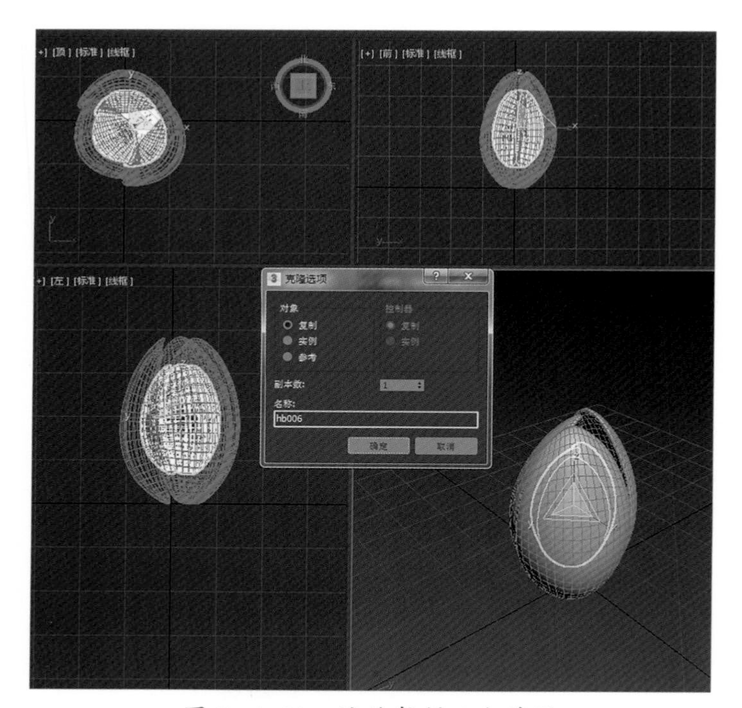

图 5–6–18　缩放复制三个花瓣

19 对新复制出来的花瓣进行调整，状态如图 5–6–19 所示。

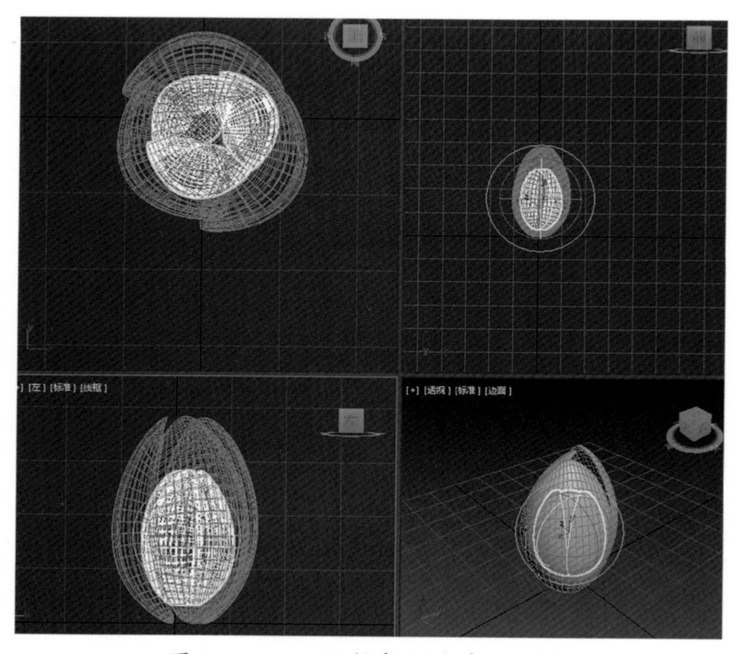

图 5–6–19　调整复制出来的模型

20 把时间滑块拖到第 96 帧，最终调整的状态如图 5-6-20 所示。

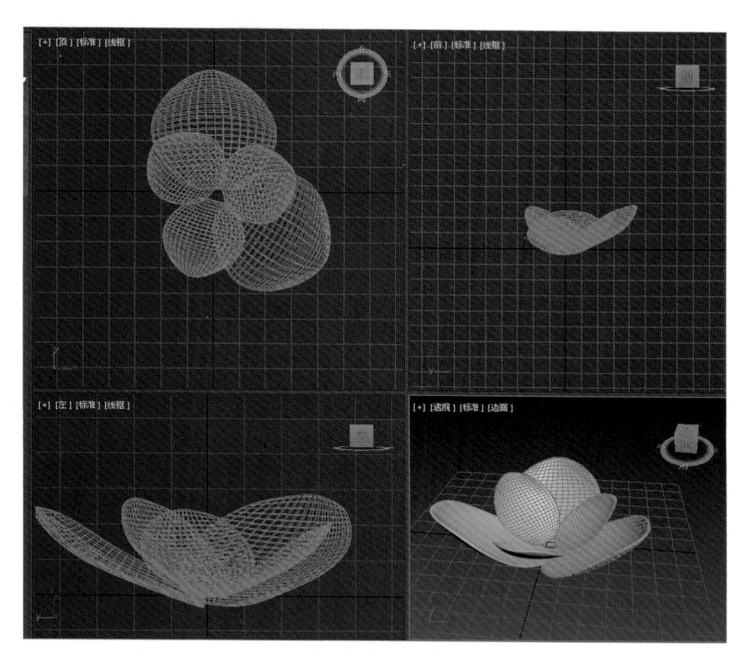

图 5-6-20　调整完成后第 96 帧花朵状态

21 调整时间长度，如图 5-6-21 所示。

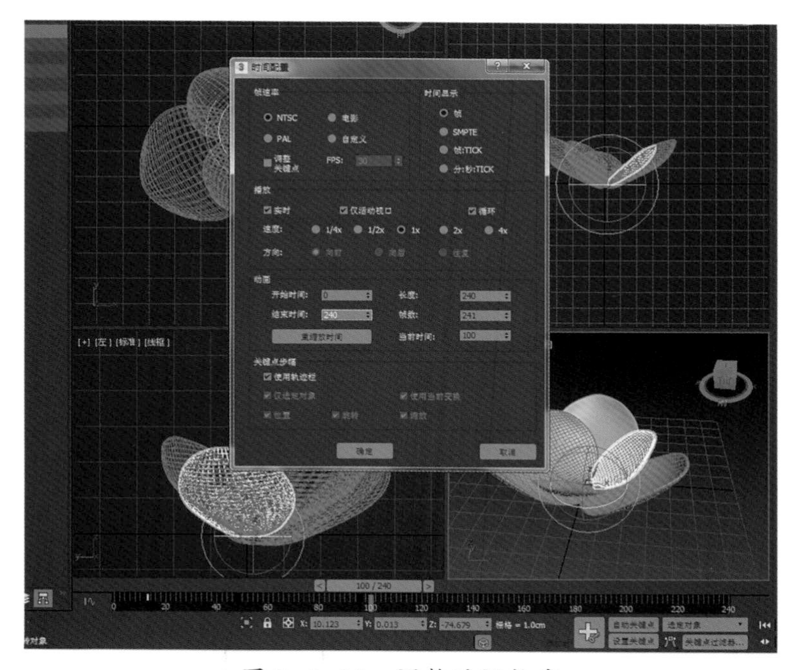

图 5-6-21　调整时间长度

22 为了避免花朵在开放的过程中模型间有穿插，我们把时间滑块拖动第 40 帧左右，继续调整，状态如图 5-6-22 所示。

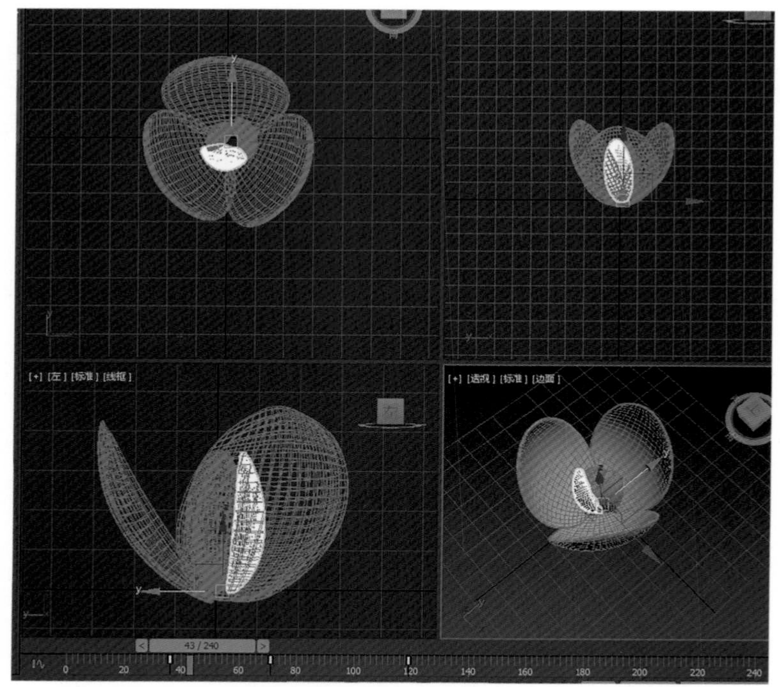

图 5-6-22　时间滑块在第 43 帧调整模型的状态

23 继续复制花瓣，让花朵感觉厚实些，如图 5-6-23 所示。

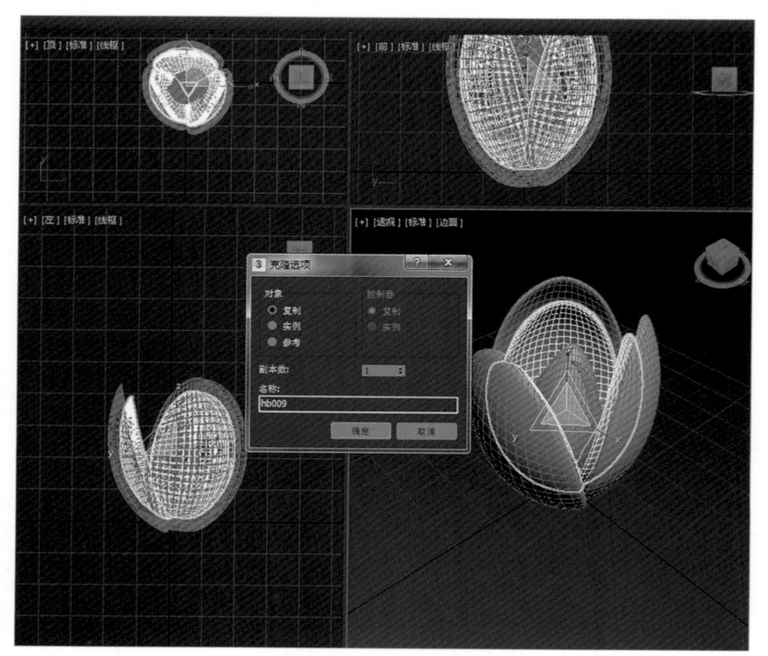

图 5-6-23　复制花瓣

24 调整好的花朵状态如图 5-6-24、图 5-6-25、图 5-6-26 所示。

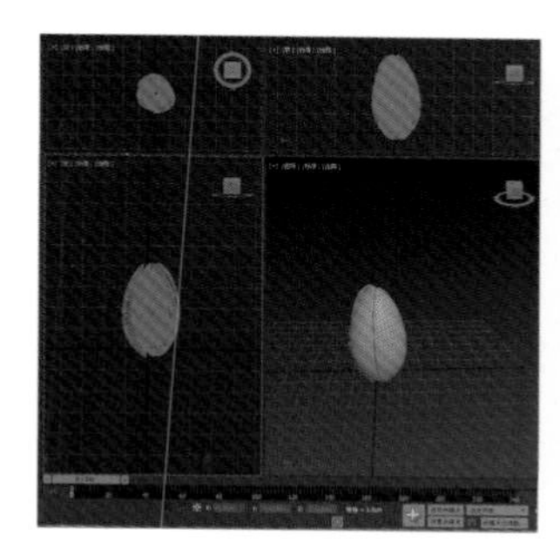
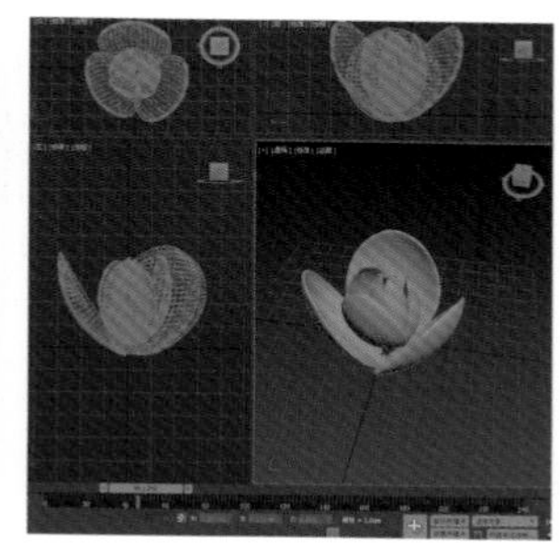
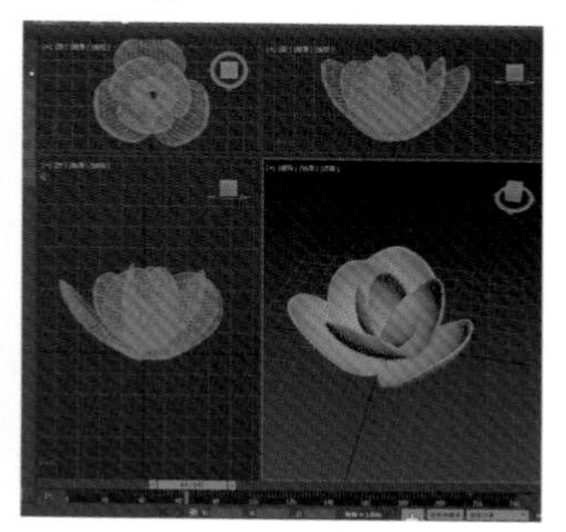

图 5-6-24　第 0 帧状态　图 5-6-25　第 46 帧状态　图 5-6-26　第 64 帧状态

25 接下来制作花蕊。制作一个圆柱体，尽量减少边数增加高度分段作为花蕊，用 FFD 修改器修改形态，如图 5-6-27 所示。

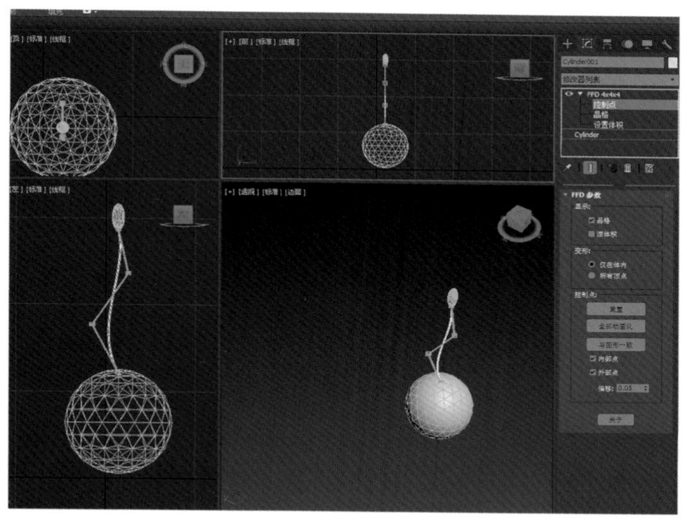

图 5-6-27　制作花蕊

26 调整它的轴心到圆柱体的底部中心。制作一个花蕊从小到大的缩放动画。完成动画后，复制花蕊，状态如图 5-6-28、图 5-6-29、图 5-6-30 所示。

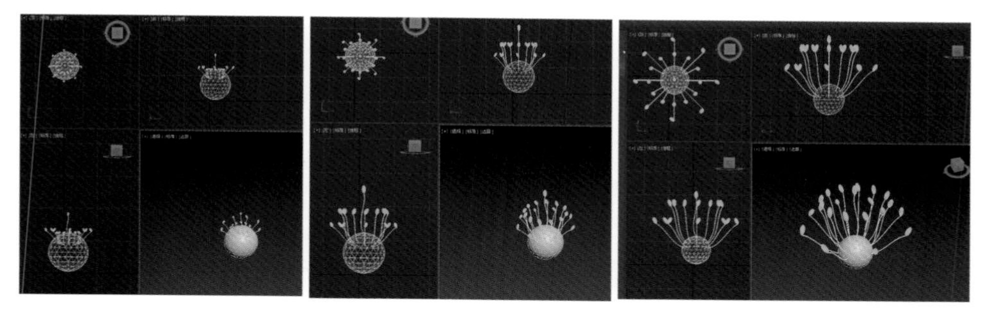

图 5-6-28　第 0 帧花蕊状态 图 5-6-29　第 40 帧花蕊状态 图 5-6-30　第 90 帧花蕊状态

27 添加花枝，完成花朵动画，状态如图 5-6-31、图 5-6-32、图 5-6-33 所示。

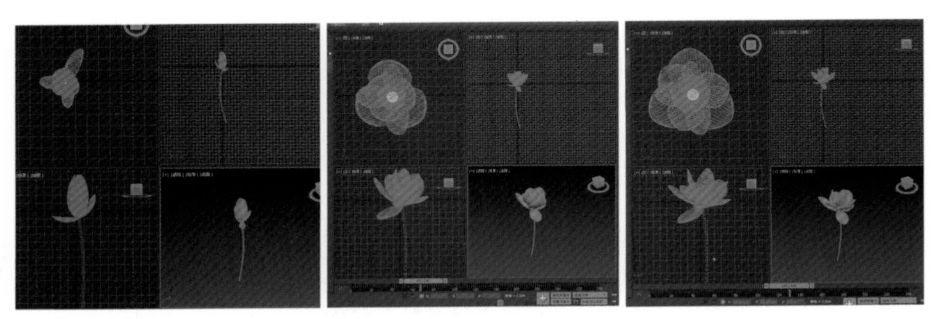

图 5-6-31　第 0 帧花朵　图 5-6-32　第 40 帧花朵　图 5-6-33　第 90 帧花朵

28 花朵开放动画完成后的最终效果如图 5-6-34 所示。

图 5-6-34　花朵开放动画完成的效果

29 为花朵添加材质，材质参数如图 5-6-35 所示。

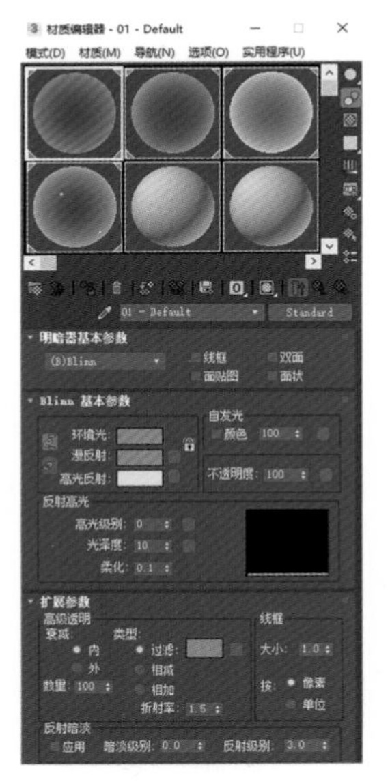

图 5-6-35　花朵材质参数设置

30 为花枝添加材质，材质参数如图 5-6-36 所示。

图 5-6-36　花枝材质参数设置

31 为花蕊添加材质。材质参数如图 5-6-37 所示。

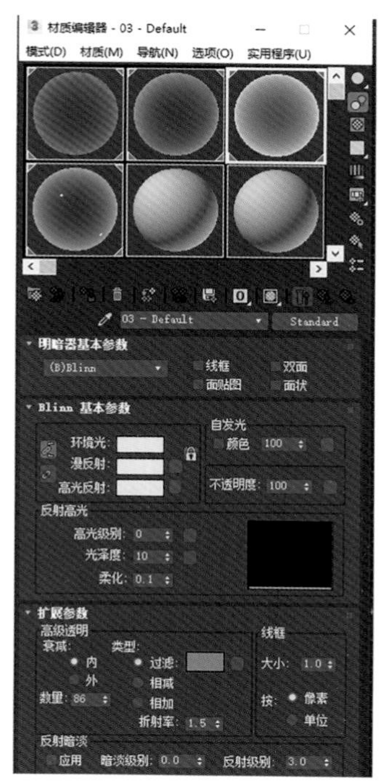

图 5-6-37　花蕊材质参数设置

32 再制作一个材质做不粒子碰撞后的材质备用，参数设置如图 5-6-38 所示。

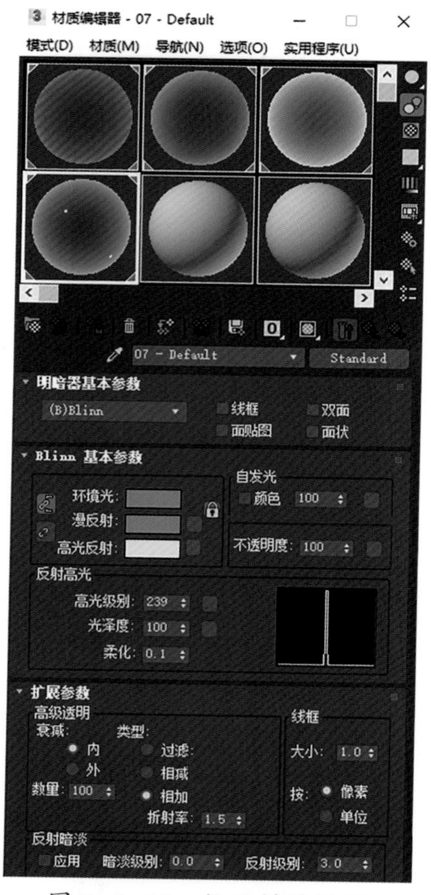

图 5-6-38　粒子材质设置

33 制作粒子动画。在顶视创建一个粒子流源，再按下键盘上的数字 6 键，调出粒子视图，设置出生面板参数设置如图 5-6-39 所示。

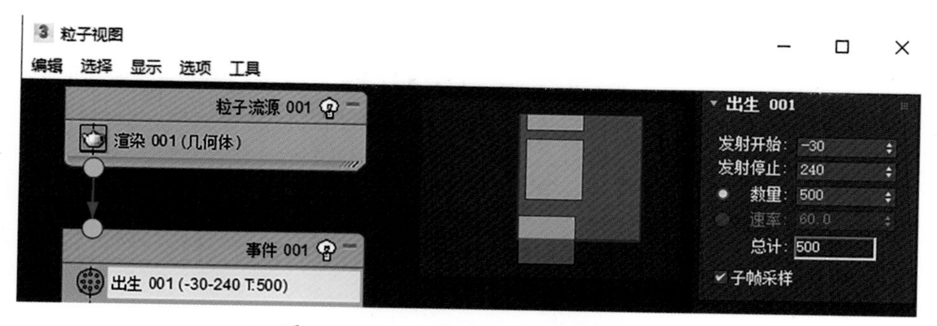

图 5-6-39　出生面板参数设置

34 设置位置对象。在粒子视图下方的事件库中找到位置对象按下左键拖动到事件 001 中替换掉位置图标，选择发射器对象添加按钮，在场景中拾取花枝，让粒子在花枝上发射出来，参数设置如图 5-6-40 所示。

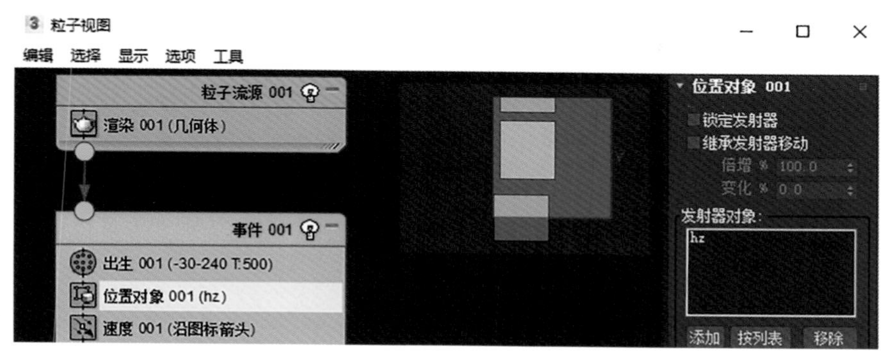

图 5-6-40　位置对象面板参数设置

35 设置为 0 状态如图 5-6-41 所示。

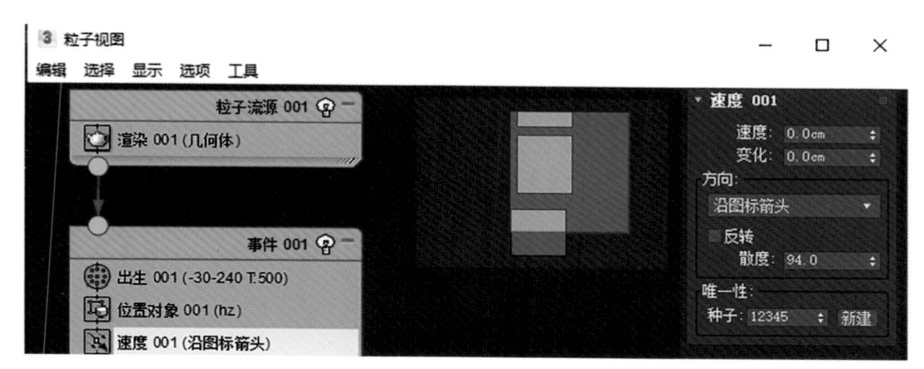

图 5-6-41　速度的设置

36 事件库中找到材质静态，拖到事件 001 中，点击指定材质按钮，把花枝的材质拾取进来，让粒子在事件 001 中的材质和花枝一致。设置参数如图 5-6-42 所示。

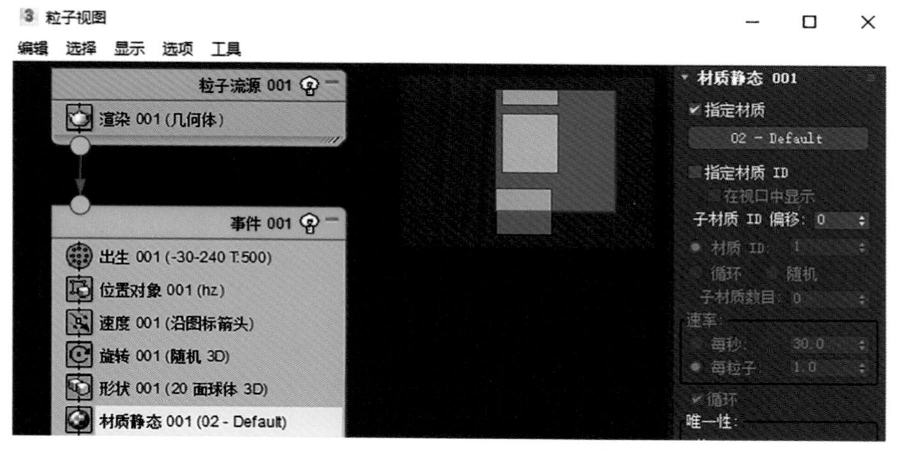

图 5-6-42　材质静态的设置

37 设置导向板碰撞。在顶视图创建一个导向板，并制作导向板从花枝下部移动到花朵上部的动画，移动时间为 0—160 帧。在左视图中创建一个风力备用。打开粒子视图，在事件库中找到碰撞拖动事件 001 中，再找到力，拖到视图的空白区域创建事件 002，按住鼠标左键把事件 002 连接给事件 001 中碰撞 001，让事件 001 中静止的粒子在和导向板碰撞后受风力影响飞散出来，设置参数如图 5–6–43 所示。

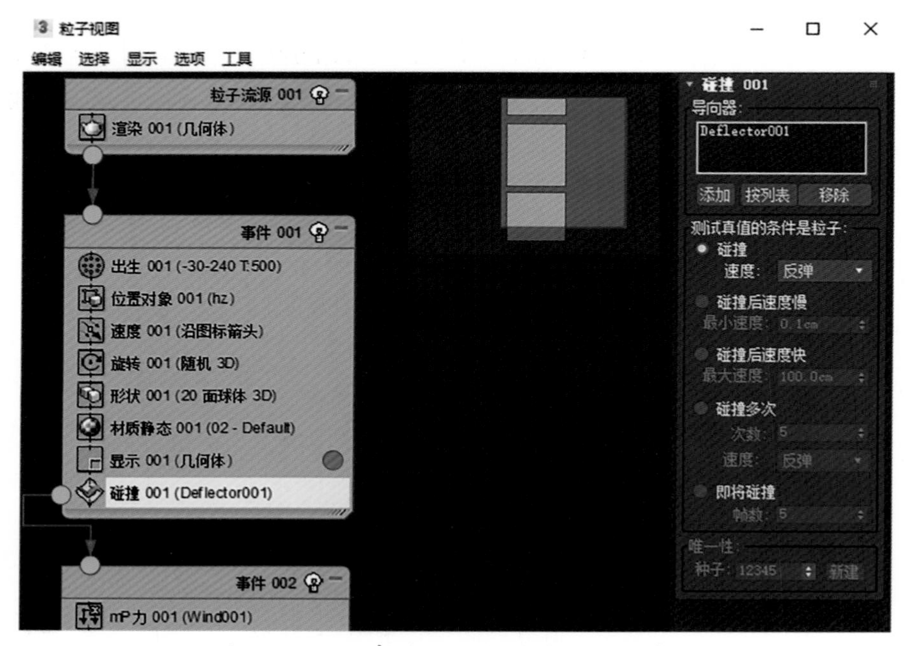

图 5–6–43　事件 002 和碰撞 001 的连接

38 在事件 002 中添加形状（设置为心形）、材质静态、旋转。材质静态选择前面设置的粒子材质，参数设置如图 5–6–44 所示。

图 5–6–44　事件 002 的材质静态参数设置

现在我们就可以测试渲染了，效果达到想要的状态，就可以渲染输出，输出设置和兔子的输出要一致。

39 后期合成。把兔子和花的动画完成渲染出序列图片后，在后期软件中，加入声音，适当调整色调，和时间的快慢，输出动画视频。

我们的动画完成了，制作思路你清晰了吗？来，试试吧。

项目小结

通过本项目的制作，我们系统地学习了卡通角色分块蒙皮和表情动画的制作思路和方法，学习了粒子动画中的导向板动画，巩固了两足角色骨骼的设计创建和绑定以及角色模型的蒙皮、权重调节和动画制作，你都掌握了吗？

拓展训练

完成项目五的动画制作，并根据所掌握的知识点进行相似角色动画的制作练习。

项目六

长颈鹿

项目分析

首先观看案例视频文件长颈鹿 .avi，视频截图如图 6-1 所示。

第 1 秒　　第 6 秒　　第 11 秒

图 6-1　长颈鹿动画截图

本案例的主角是长颈鹿，通过本项目的学习，我们将掌握四足角色对象的骨骼设计、制作、绑定及简单动画，以及配音对口型的一些基本方法。

知识目标

1. 四足角色骨骼设计的方法。
2. 四足角色骨骼绑定的方法。
3. 四足角色蒙皮权重的调整方法。
4. 四足角色简单动画的调节方法。
5. 场景动画特效制作的方法。

能力目标

1. 能够正确进行四足角色骨骼设计。
2. 能够正确进行四足角色骨骼绑定。
3. 能够根据四足角色的运动规律制作动画。
4. 掌握口型动画适配声音的制作方法。
5. 能够制作火焰特效动画。

任务一　长颈鹿骨骼设计

任务目标

通过长颈鹿骨骼设计的制作掌握四足角色骨骼设计思路及设计创建方法。

知识链接

四足角色骨骼的设计创建方法。

技能训练

四足角色骨骼设计：

我们在创建骨骼之前先进行四足角色骨骼的设计分析，根据长颈鹿角色的运动特点，它的骨骼是以身体重心位置为中心，前半部分可以向上抬起，后半部分也可以向上或向下转动，如果没有看到过，想不明白，可以去网上搜一下长颈鹿骨骼结构图片，看一些长颈鹿运动的视频，理解了它的运动方式再对骨骼进行分配、创建。

长颈鹿骨骼创建：

01 整理模型。新建一个文件，修改单位设置为厘米，导入我们制作完成的长颈鹿模型，轴心点放置在角色重落地点，并修改坐标位置到世界中心，位置状态如图 6-1-1 所示。

图 6-1-1　长颈鹿模型整理

02 创建骨骼。选择模型，在显示面板中取消 [以灰色显示冻结对象] 按下键盘上的 Alt+X 组合键透明显示角色模型，单击鼠标右键，在调出的快捷菜单中选择 [冻结当前选择] 命令。切换到左视图，首先创建根骨骼链，接着创建两条腿的骨骼链，然后创建躯干脖子和头及耳朵的骨骼链；切换到右视图，创建臀部及尾巴的骨骼链，完成后的状态如图 6–1–2 所示。

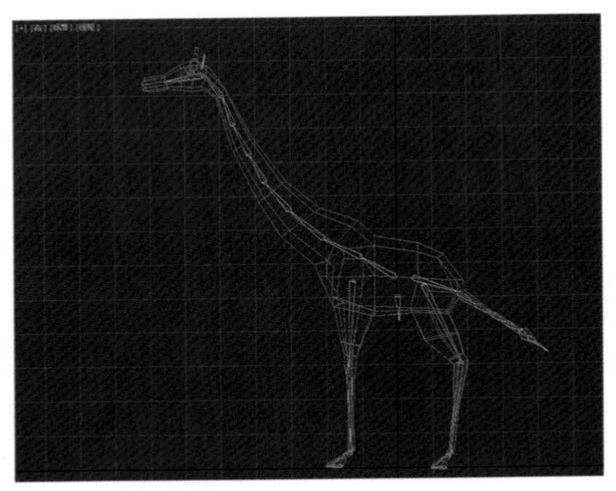

图 6–1–2　初始创建骨骼的位置状态

03 调整骨骼。创建完成后在透视图中，打开骨骼编辑模式，把腿部、脚部的骨骼和耳朵的骨骼精细调整，适配动模型相应的部位。在修改面板下为每块骨骼展鳍，状态如图 6–1–3 所示。

图 6–1–3　身体骨骼展开鳍后的状态

04 复制骨骼，在透视图中，切换坐标系为世界坐标系，对象中心为世界中心，把制作好的一边的腿部、脚部和耳朵骨骼镜像复制到另一边，完成主体骨骼的制作，状态如图 6–1–4 所示。

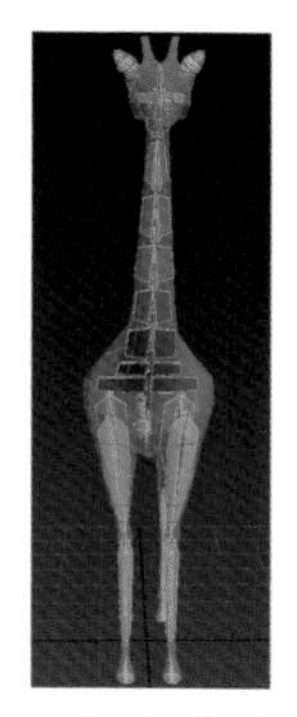

图 6–1–4　复制完成主体骨骼

05 制作嘴部骨骼。切换到顶视图，沿着嘴部模型边缘创建三根骨骼，状态如图 6–1–5 所示。

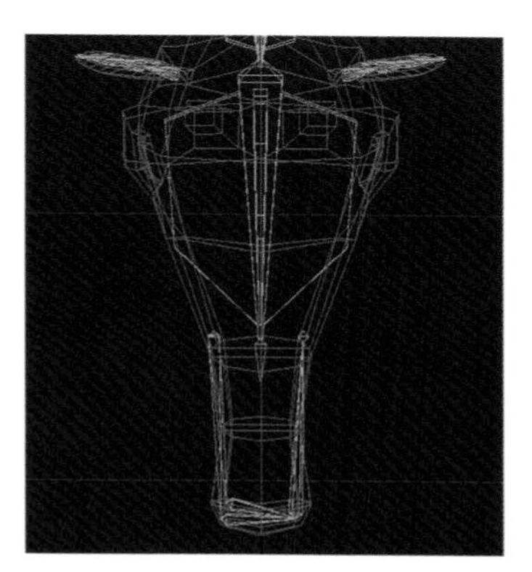

图 6–1–5　嘴部骨骼位置

06 调整完成嘴部骨骼。在透视图中，进入骨骼编辑模式，把骨骼适配到下嘴唇模型内部，退出骨骼编辑模式，选择所有下嘴唇骨骼，按住键盘上的 Shift 键，同时按下鼠标左键向上拖动，复制出上嘴唇骨骼，状态如图 6–1–6 所示。

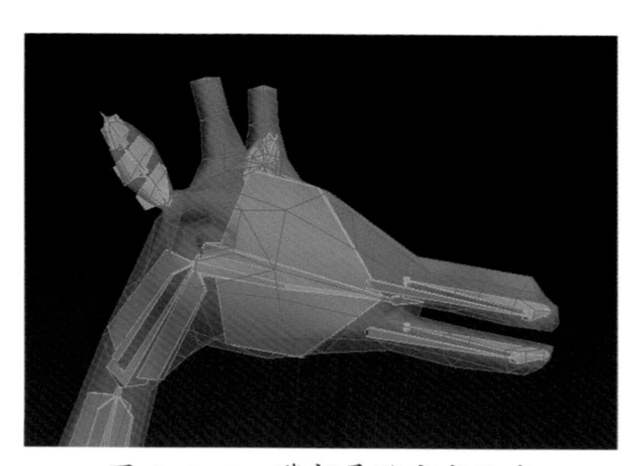

图 6–1–6　嘴部骨骼完成状态

所有骨骼制作完成后，要把骨骼按部位重命名，并且按照角色运动的层级进行父子链接，以根骨骼为父骨骼带动除脚部骨骼以外的所有骨骼运动。

完成长颈鹿的骨骼创建，接下来就要对骨骼进行绑定。

任务二 骨骼绑定

任务目标

通过本任务的学习掌握四足角色骨骼绑定的思路和方法。

知识链接

1. 控制器的层级关系。
2. 四足角色的骨骼绑定。

技能训练

现在我来绑定骨骼。

01 创建控制器。首选创建不同形状的二维图形控制器，一般情况下主控制器用星形，身体旋转的控制器用圆形，直接控制骨骼位置和注视的用虚拟对象，每一个控制器创建完成后需要对齐它所控制的骨骼对象，完成后的控制器位置状态如图6-2-1所示。

图 6-2-1　控制器完成后的位置状态

02 制作腿部绑定。切换到透视图，选择前左腿的第一根骨骼，接着在动画菜单下选择“IK 解算器”子菜单下的“样条线 IK 解算器”，接下来在场景中左键单击这条腿的末端骨骼完成 HI 解算，把生成的目标点子链接给脚部末端骨骼，把脚底骨骼子链接给脚底控制器。在这个解算中我们还需要一个控制膝盖旋转的目标点控制器，在前视图创建一个文本 X 修改轴心点位置为居中到对象，对齐到膝盖骨骼，向前移出模型一段距离，选择 HI 解算的目标点，在它的运动面板下点击 [IK 解算器平面] 下的拾取目标按钮，在场景中单击 x 文本，左右移动文本可以看到膝盖跟着旋转，x 文本需要子链接给相对应的脚底控制器，状态如图 6–2–2 所示。

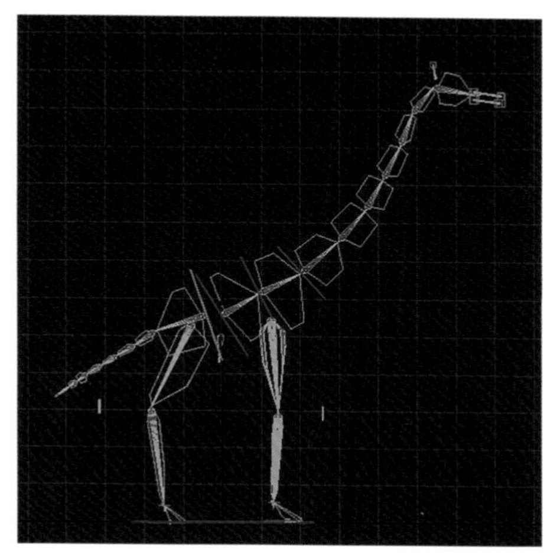

图 6-2-2　腿部解算器平面目标点位置

03 完成腿部绑定。重复第二个步骤的操作，分别绑定另外三条腿的骨骼完成腿部的绑定，选择一个脚底控制器进行移动测试，状态如图 6–2–3 所示。

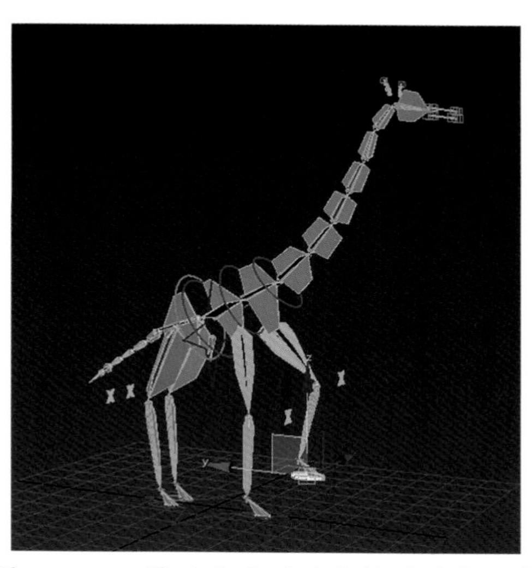

图 6-2-3　修改完成后的点辅助对象状态

04 绑定前半身骨骼。躯干的两根骨骼分别方向约束给相对应的控制器，脖子的第一根骨骼方向约束给它相对的控制器，接着再为脖子制作一个 IK 解算器，选择脖子第一根骨骼，在动画菜单下选IK解算中的HI解算，在场景中选择头部骨骼(头部骨骼是脖子骨骼的末端骨骼)，生成的解算目标子链接给头部控制器，头部控制器方向约束头部骨骼，为IK解算平面制作方向控制目标(文本o)完成后，旋转脖子控制器进行测试，状态如图6-2-4所示。

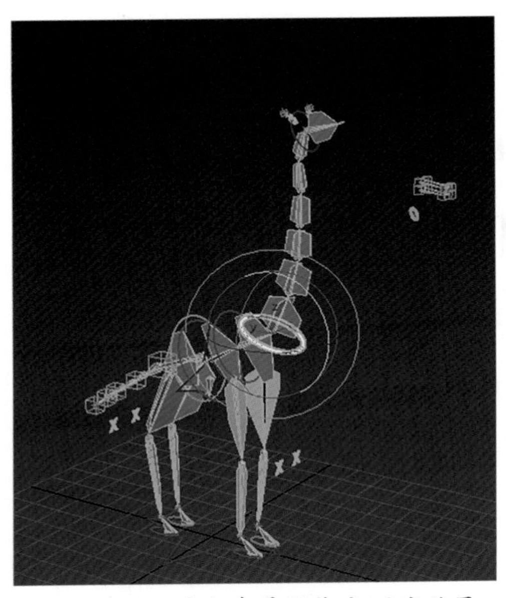

图 6-2-4　前半身骨骼绑定测试效果

05 绑定后半身骨骼。为臀部骨骼做方向约束，为尾巴骨骼做样条线IK解算，把样条线解算生成的第一个点控制器子链接给臀部控制器，旋转臀部控制器进行测试，状态如图6-2-5所示。

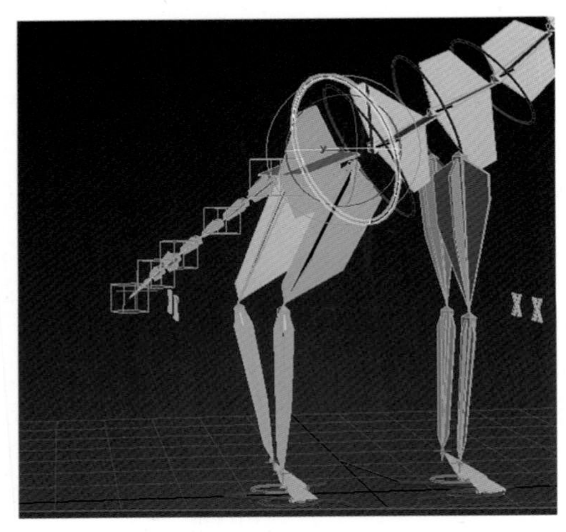

图 6-2-5　臀部控制器测试

06 绑定嘴部骨骼。先做上嘴唇骨骼的绑定，选择上嘴唇骨骼的第一根骨骼，位置约束到骨骼大头位置的虚拟对象上，注视约束给骨骼小头位置的虚拟对象上，依次为每一根骨骼做相同的操作，我们得到可以伸缩的骨骼，选择一个虚拟对象移动测试，状态如图 6–2–6 所示。

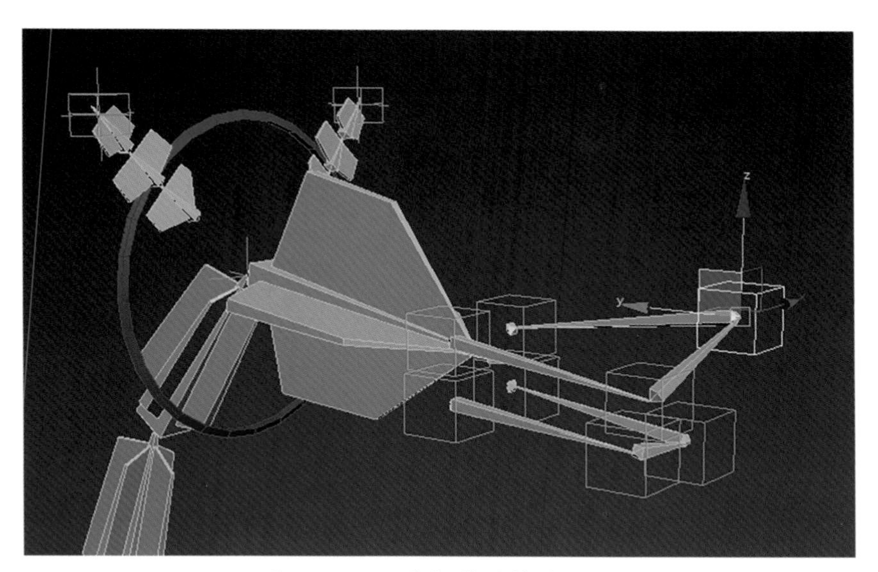

图 6–2–6　嘴部骨骼绑定测试

为下嘴唇做同样的绑定。

07 调整控制器层级关系。制作嘴部张合的控制器，状态如图 6–2–7 所示。

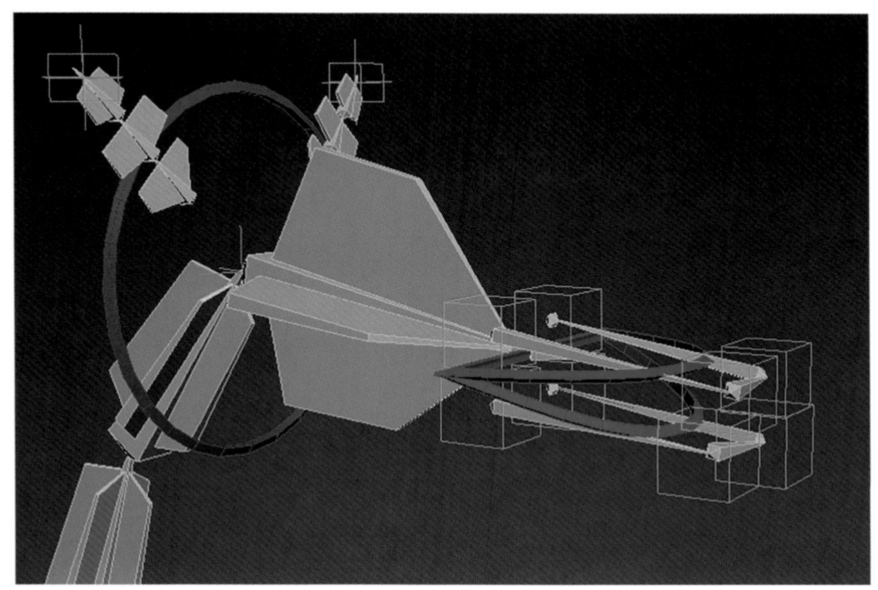

图 6–2–7　嘴部张合控制器的形状及位置

把嘴巴离嘴角近的四个虚拟对象子链接给头部骨骼，把上嘴唇最外边的两个虚拟对象子链接给控制上嘴唇的控制器，把下嘴唇最外边的两个虚拟对象子链接给下嘴唇控制器，然后把这两个控制器子链接给头部骨骼，头部骨骼控制器子链接给脖子控制器，脖子控制器子链接给胸腔控制器，胸腔控制器子链接给腹部控制器，腹部控制器子链接给腰部主控制器，臀部控制器子链接给腰部主控制器，根骨骼子链接给腰部主控制器，腰部主控制器子链接给总控制器（位置在世界原点的星形控制器），把四只脚底控制器分另子链接给总控制器，对控制器进行移动，旋转进行绑定测试，状态如图 6-2-8 所示。

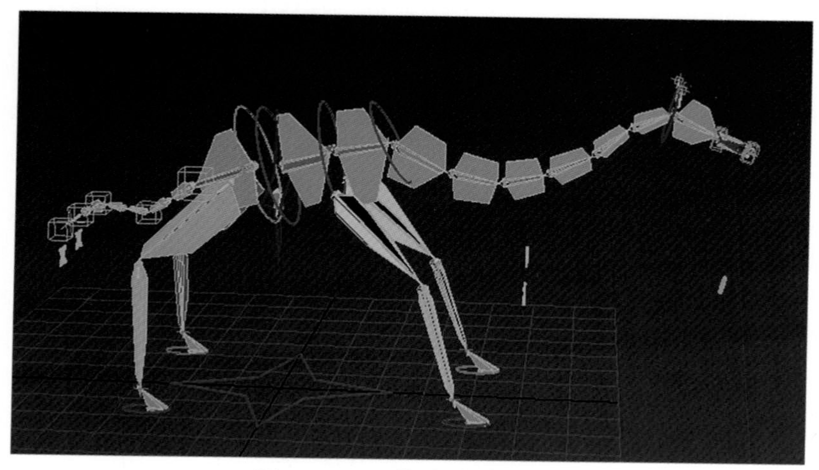

图 6-2-8　绑定完成测试

完成绑定后，测试一下，移动、旋转、缩放总控制器，所有的控制器和骨骼都会跟着改变，说明绑定无误解；如果有局部没有跟动，说明有绑定错误的地方。

四足角色骨骼，你绑好了吗？

任务三　长颈鹿蒙皮及权重调整

任务目标

本任务中我们通过对长颈鹿模型的蒙皮和权重调节，进一步深化掌握蒙皮的方法及权重调整的方法，提高蒙皮和权重调节的技术能力。

知识链接

1. 蒙皮修改器的添加。
2. 骨骼权重的调节。

技能训练

01 整理模型。为了角色模型在做动画的时候不会有过多的拉伸变形，需要为模型添加一些线，整理完成后如图 6–3–1 所示。

图 6–3–1　整理模型

02 显示过滤。在显示面板中隐藏骨骼以外所有的类型，框选所有骨骼状态如图 6–3–2 所示。

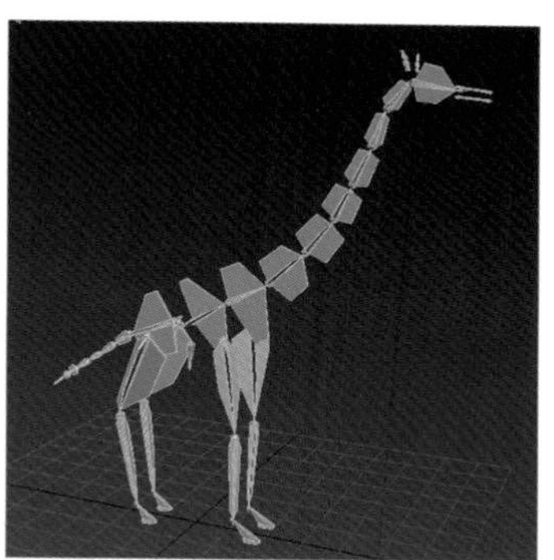

图 6–3–2　仅显示骨骼

03 制作骨骼选择集。选择所有的骨骼，在工具栏中点击 [创建选择集] 调出命名选择集对话框，输入名称，如图 6–3–3 所示。

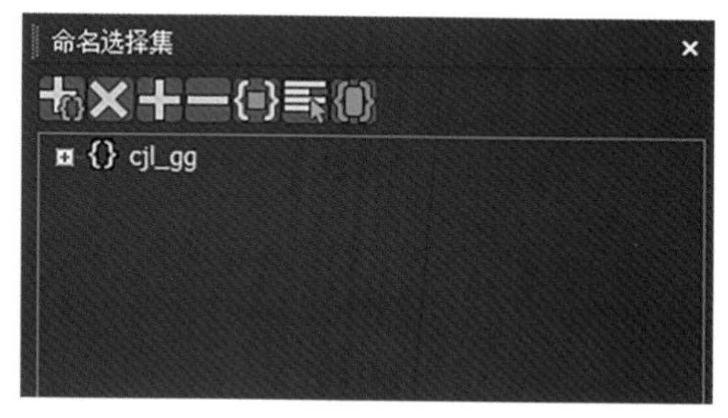

图 6–3–3　角色蒙皮完成测试效果

04 添加蒙皮修改器。在场景中选择角色模型，添加蒙皮修改器，在修改面板中点击骨骼 [添加] 按钮，选择制作好的骨骼选择集，把骨骼添加进来完成蒙皮操作如图 6–3–4 所示。

图 6–3–4　添加骨骼

05 隐藏骨骼，调节控制器，测试角色的蒙皮效果，检查权重分配不合理的地方，如图 6–3–5 所示。

图 6–3–5　测试蒙皮

蒙皮完成之后，测试权重效果，进行权重的调整，就可以制作动画了。

任务四　长颈鹿动画制作

任务目标

1. 通过本任务的学习掌握动画调节的基本思路和方法。
2. 掌握口型动画的对位方法。

知识链接

1. 长颈鹿走路动画制作。
2. 口型动画制作。

技能训练

首先来制作长颈鹿走路的动画。打开蒙皮完成的长颈鹿模型场景，另存为“走路动画”文件。

01 设置时间长度为 240 帧，这个完整的走路过程分三节，前 40 帧用来完成预摆动作，从第 40 帧到第 200 帧完成走路动作，第 200 帧到第 240 帧是摆尾巴的动作。在顶视图创建一个长方体，复制出来五个作为走路步幅大小的参考，冻结长颈鹿模型和所有长方体参考模型。把时间滑块拖动第 0 帧框选主控制器外的所有控制器，切换到设置关键点模式，点击设置关键点按钮，状态如图 6-4-1 所示。

图 6-4-1　动画调节第 0 帧初始设置

02 开始做预摆动作。时间滑块拖动到第 10 帧，打开自动关键点模式，把躯干主控制器向下移动一点，状态如图 6–4–2 所示。

图 6–4–2　第 10 帧角色动态

03 把时间滑块拖动到第25帧，把角色前左脚向上抬起一点距离，如图6–4–3所示。

图 6–4–3　灯光在顶视图的位置状态

04 把时间滑块拖动到第 39 帧，框选所有控制器，把第 0 帧上的关键点复制过来，状态如图 6–4–4 所示。

图 6–4–4　第 39 帧角色动态

05 打开自动关键点，把时间滑块拖动到第 52 帧，把躯干主控制器向下移动画点距离，然后框选所有控制器进入设置关键点模式，点击设置关键点按钮，状态如图 6-4-5 所示。

图 6-4-5　第 52 帧角色动态

06 把时间滑块拖动到第 101 帧，调整躯干主控制器和右侧双脚控制器到如图 6-4-6 所示状态，框选所有控制器设置关键点。

图 6-4-6　第 101 帧角色动态

07 把时间滑块拖动到第 150 帧，调整躯干主控制器和左侧双脚控制器到如图 6-4-7 所示状态，框选所有控制器设置关键点。

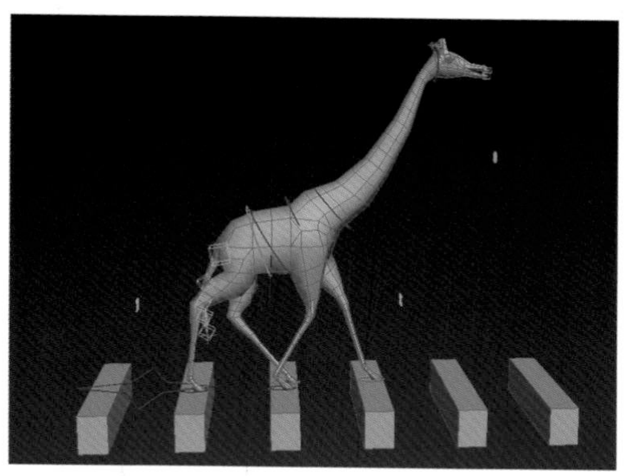

图 6-4-7　第 150 帧角色动态

现在角色已经走出来一步了，但是脚没有抬起来，是拖着往前走的，接下来我们来调整一步间的中间动作。

08 把时间滑块拖动到第 77 帧，打开自动关键点模式，把角色右侧双脚控制器向上抬起一点距离，状态如图 6–4–8 所示。

图 6–4–8　第 77 帧角色动态

09 把时间滑块拖动到第 126 帧，把角色左侧双脚抬起一段距离，状态如图 6–4–9 所示。

图 6–4–9　第 126 帧角色动态

现在点击播放按钮可以看到角色在生硬地走路了，我们把关键动作设置完成以后就可以根据对角色性格的设定来制作更多的细节，比如躯干左右的摆动、头部上下的起伏，方法是在自动关键点模式下对相应的控制器进行调整即可，我们在这里就不固定模式去做，大家可参考长颈鹿的运动规律进行制作。

10 接下来我们制作尾巴的摆动。为了渲染出来的画面时间长点，从第 150 帧到第 180 帧间再让角色走出去一步，第 180 帧到第 200 帧间，走一小步停下来恢复到第 0 帧状态，方法和前面相同，在第 200 帧框选所有的控制器，把第 0 帧复制过来。

然后选择尾巴的控制器，调整到如图 6–4–10 所示状态。

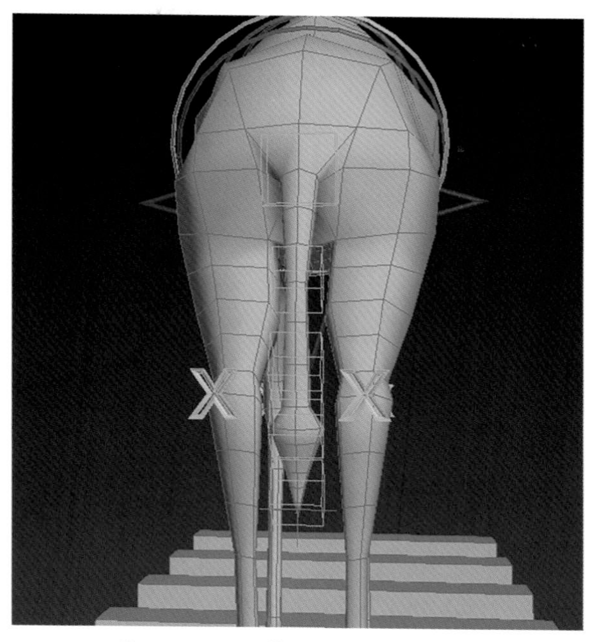

图 6–4–10　第 200 帧尾巴状态

11 把时间滑块拖动到第 210 帧，打开自动关键点模式，调整尾巴控制器，调整尾巴状态如图 6–4–11 所示。

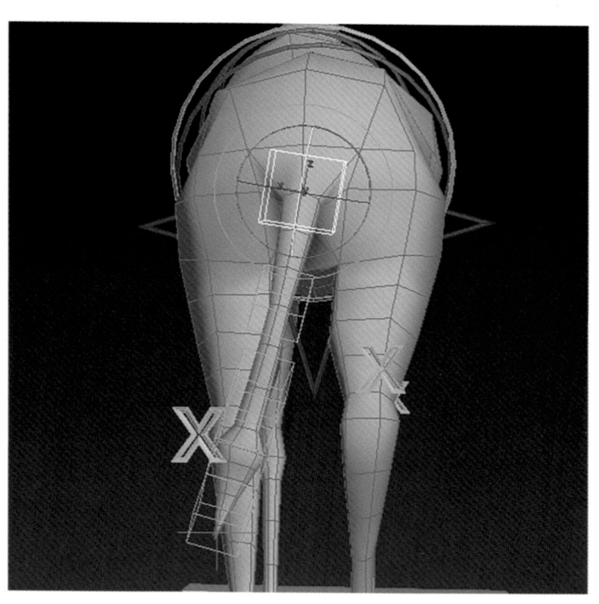

图 6–4–11　第 210 帧尾巴状态

12 把时间滑块拖动到第 220 帧，调整尾巴状态到如图 6–4–12 所示。

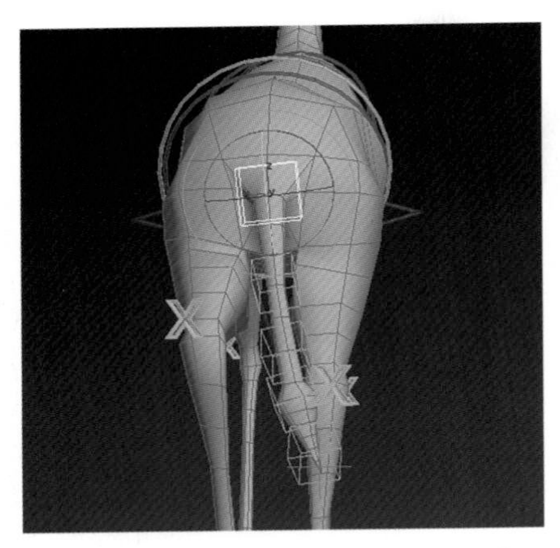

图 6-4-12 第 220 帧尾巴状态

可以继续用相同的方法让尾巴再做一些摆动幅度有变化的动作。

13 制作说话的口型对位动画。打开蒙皮场景文件，另存为“说话”文件。时间设置为 50 帧，把录制好的声音文件导入到文件中，方法是打开迷你曲线编辑器，双击声音，可以打开专业声音对话框，把声音文件添加进来，注意声音文件的格式，一般需要 .mov 或者 .avi 格式，确定后并没有什么变化，在时间轴上右击鼠标，点击配置下的显示声音轨迹，就可以在时间线上看到音轨了。状态如图 6–4–13 所示。

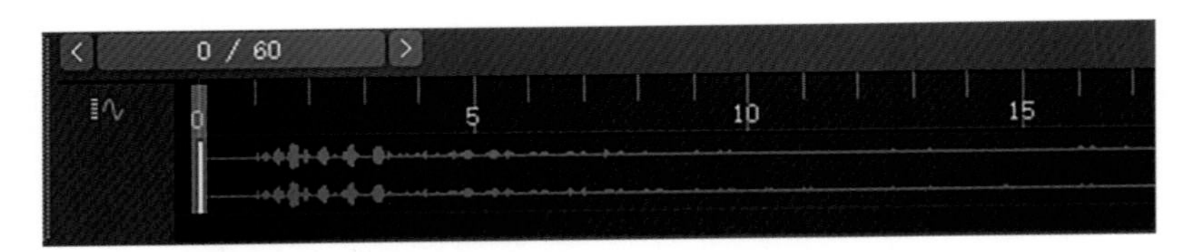

图 6-4-13 时间轴上的声音轨迹

14 把时间滑块拖动到第 0 帧，嘴部所有控制器设置关键点，把时间滑块拖动到第 10 帧重复设置关键点，保持第 0 帧到第 10 帧没有任何动作。状态如图 6–4–14 所示。

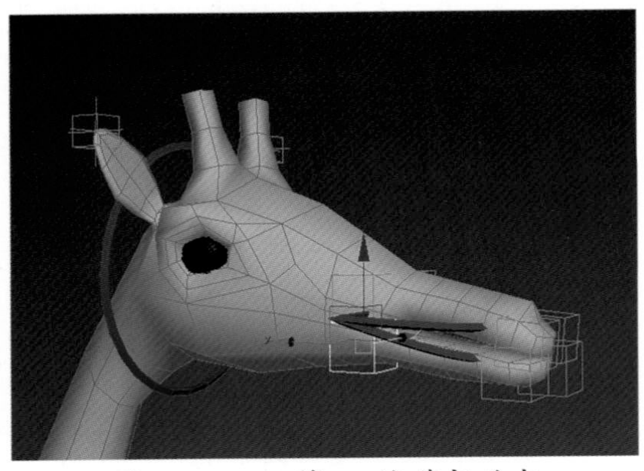

图 6-4-14 第 10 帧嘴部动态

15 打开自动关键点模式，把时间滑块拖动到“my”音结束点的位置，调整虚拟对象控制器，让口型呈拉扁的状态，如图 6-4-15 所示。

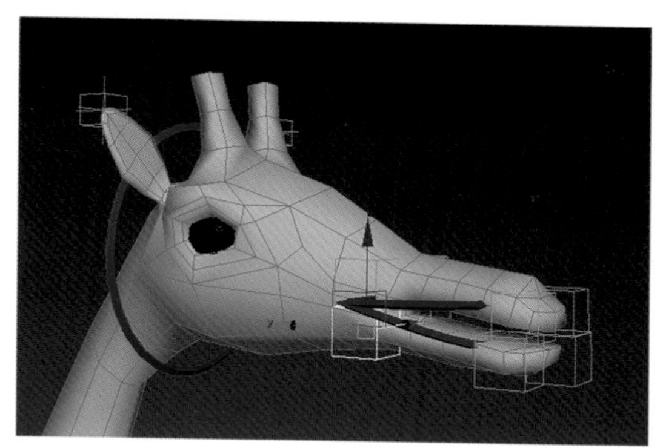

图 6-4-15　“my”音结束点的口型号状态

16 把时间滑块拖动到“god”的“o”音时间点，调整控制器到如图 6-4-16 所示状态。

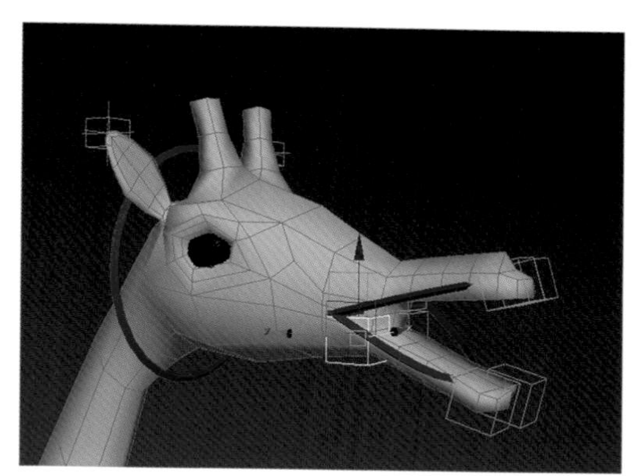

图 6-4-16　“god”的“o”音时间点口型状态

17 把时间滑块拖动到声音结束点，调整控制器到如图 6-4-17 所示状态。

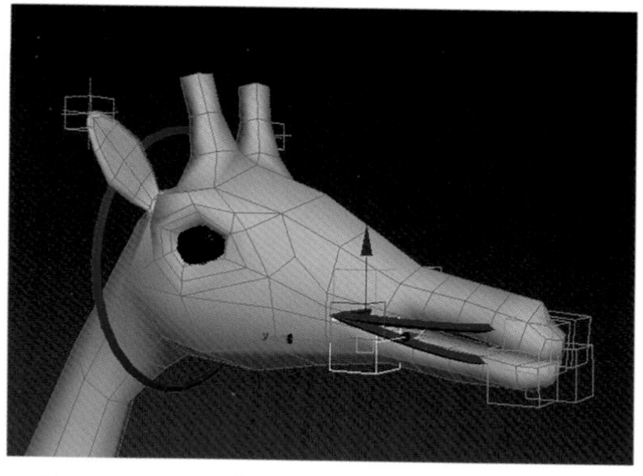

图 6-4-17　声音对号束点，口型状态

到这里，我们的角色动画就调整完成了，大家用以前学过的方法加灯光、摄影机后把它们分别输出序列图片备用。

任务五 火焰特效的制作

任务目标

通过本任务的学习掌握火焰特效的制作方法。

知识链接

火焰特效的制作。

技能训练

我们本案例利用流体动力学插件 FumeFX 来制作火焰燃烧的特效。

01 新建一个场景命名为“火焰”，时间设置为 600 帧。在创建几何体面板下找到 FumeFX 命令，状态如图 6-5-1 所示。

图 6-5-1 FumeFX 创建面板

02 在场景中创建一个 FumeFX 图标，再创建三个圆柱体调整位置状态如图 6-5-2 所示。

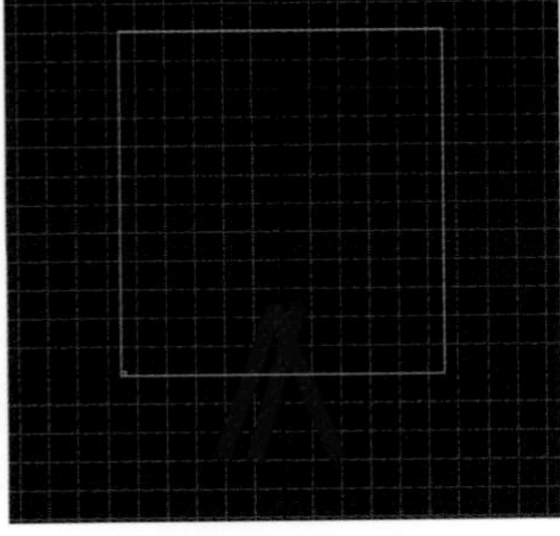

图 6-5-2 前视图各对象的位置关系

03 在创建辅助对象面板中选择 Object Src（物体源）位置如图 6-5-3 所示。

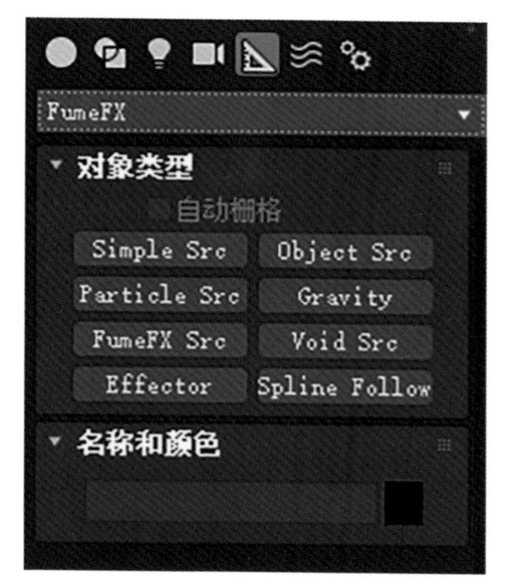

图 6-5-3　物体源位置

04 在前视图创建物体源，如图 6-5-4 所示。

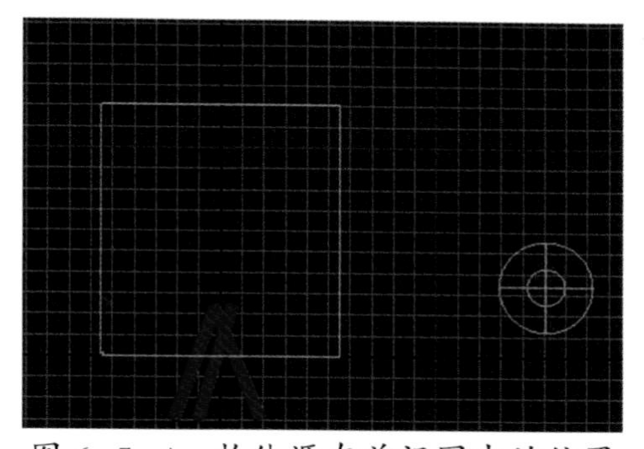
图 6-5-4　物体源在前视图中的位置

05 在场景中创建一个泛光灯，位置状态如图 6-5-5 所示。

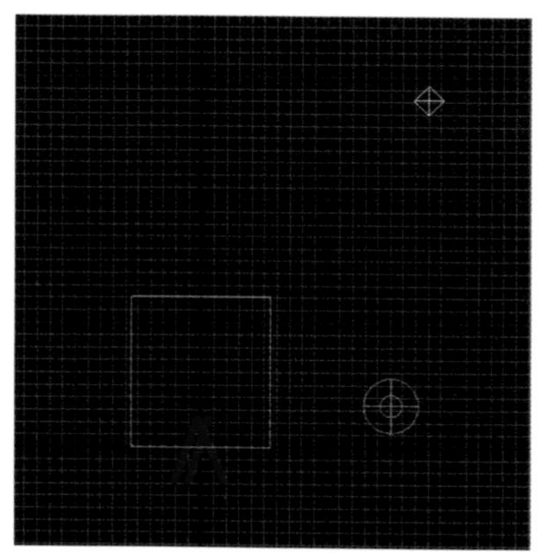
图 6-5-5　灯光在前视图中的位置

06 选择 FumeFX 图标，在修改面板下点击设置按钮，进入设置对话框，把输出面板中的结束帧修改成 600，状态如图 6-5-6 所示。

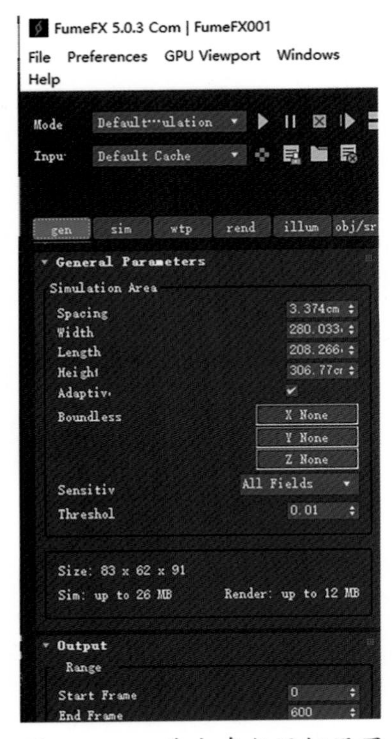

图 6-5-6　基本参数面板设置

07 切换到 illum 面板，把灯光添加进来，状态如图 6-5-7 所示。

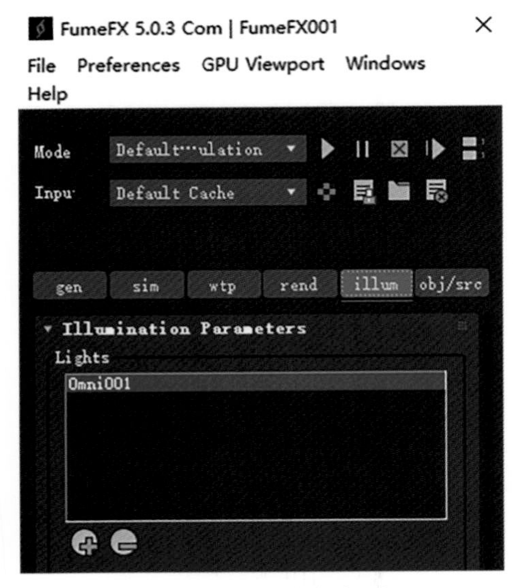

图 6-5-7　添加灯光

08 在 obj/src 面板下把物体源添加进来，状态如图 6-5-8 所示。

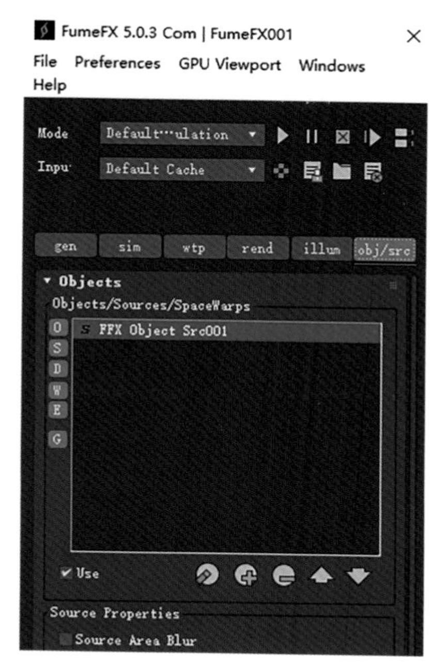

图 6-5-8　添加物体源

09 在场景中选择物体源，把三个圆柱体添加进来，状态如图 6-5-9 所示。

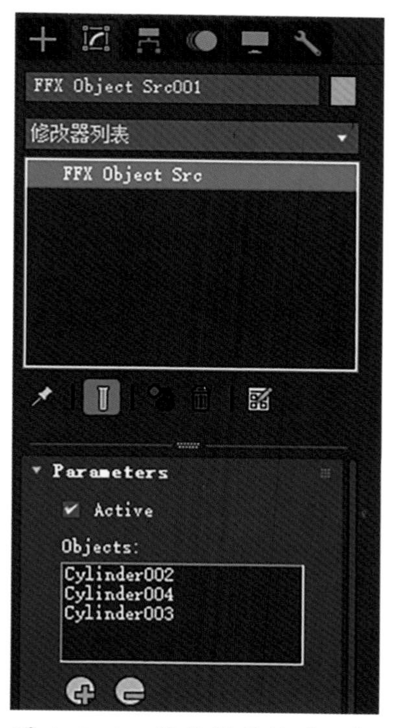

图 6-5-9　物体源的修改面板

10 其他参数保持不变，点击解算按钮，在透视图中可以看到火焰解算过程，要等到解算完成，渲染测试，看到圆柱体在燃烧，状态如图 6-5-10 所示。

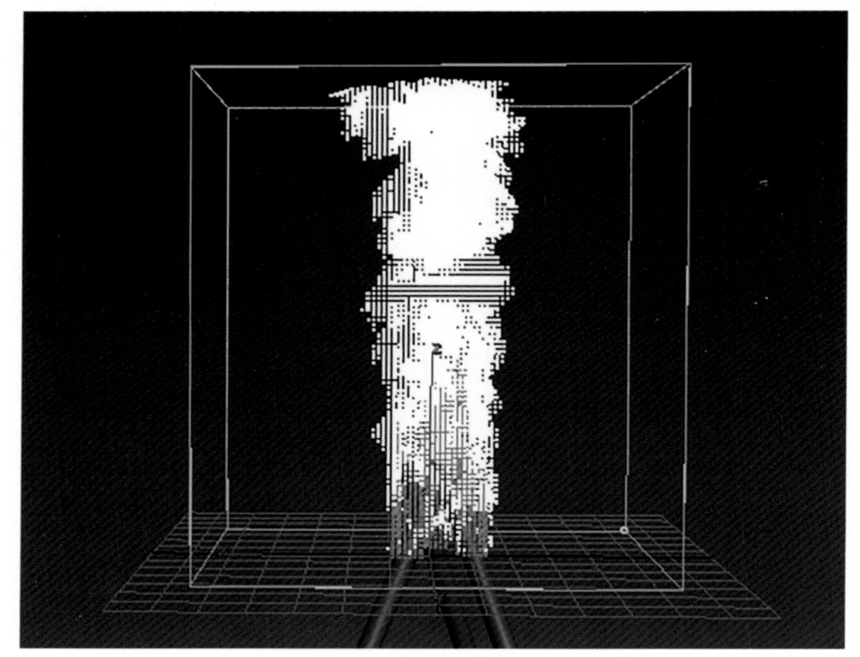

图 6-5-10 透视图中的火焰解算

现在可以把火焰输出为序列图片备用，找一些符合故事设定的背景视频，在后期软件中进行合成渲染，我们的长颈鹿动画就完工了，希望大家能做出有自己个性特色的长颈鹿动画，快点动手做吧。

项目小结

通过本项目的制作，我们系统地学习了四足角色的走路动画的制作和口型的对位方法、火焰特效动画的制作方法，巩固了灯光摄影机的创建以及渲染输出序列图片的输出，你都掌握了吗？

拓展训练

完成项目六的动画制作；并根据所掌握的知识点进行类似角色动画的制作练习。

项目七

天鹅

项目分析

首先观看案例视频文件天鹅 .avi，视频截图如图 7-1 所示。

图 7-1　天鹅动画截图

通过本项目的学习，掌握禽鸟类角色动画的制作思路和方法，掌握粒子特效的高级应用，掌握火焰特效的制作。

知识目标

1. 掌握禽鸟类角色动画的制作思路和方法。
2. 掌握禽鸟类角色骨骼绑定的方法。
3. 掌握粒子特效的高级应用。
4. 掌握体积雾的应用。
5. 掌握体积光的应用。
6. 掌握火焰特效的制作方法。

能力目标

1. 能够掌握禽鸟类动画制作的方法。
2. 能够正确进行禽鸟类角色骨骼绑定。
3. 能够熟练掌握粒子特效动画的设置方法。
4. 掌握体积光和体积雾的特效制作方法。
5. 掌握用火焰动画制作特效的方法。

任务一　天鹅骨骼绑定与蒙皮

任务目标

通过天鹅骨骼设计的制作掌握禽鸟类角色骨骼设计思路及设计创建方法。

知识链接

禽鸟类角色骨骼的设计创建绑定与蒙皮的方法。

技能训练

禽鸟类角色骨骼设计：

禽鸟类角色，由于翅膀开合的造型变化大，我们在制作动画的过程中一般会制作两个模型，一个是合起翅膀状态的模型，另一个是展开翅膀状态的模型。在前面的案例中，我们对骨骼设计的思路和方法已经学习了很多，合起翅膀天鹅角色比较简单，我们就不再重复讲解，大家可以自行设计制作，然后参看以下过程，检验一下是不是已经掌握了骨骼制作的方法。

01 制作合起翅膀的模型。我们把它命名为“浮水”。整理模型的坐标中心到世界中心，透明显示模型，并冻结，在侧视图创建骨骼，完成后的侧视图状态如图 7-1-1 所示。

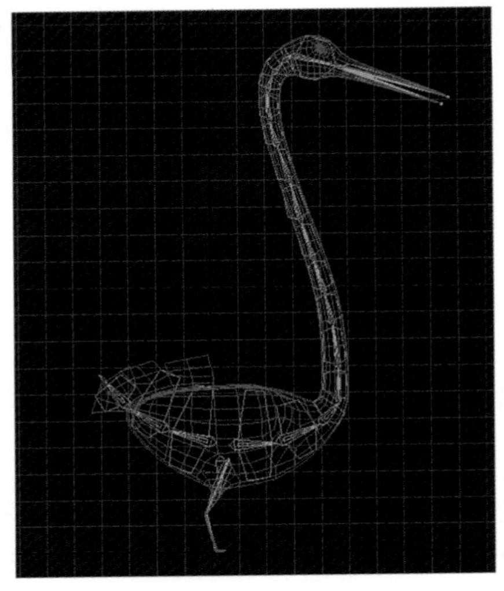

图 7-1-1　浮水天鹅模型骨骼创建

02 展鳍并复制骨骼。切换到透视图中，打开骨骼编辑模式，对骨骼进行展鳍操作，并把腿、脚的骨骼进行镜像复制，完成后的状态如图 7–1–2 所示。

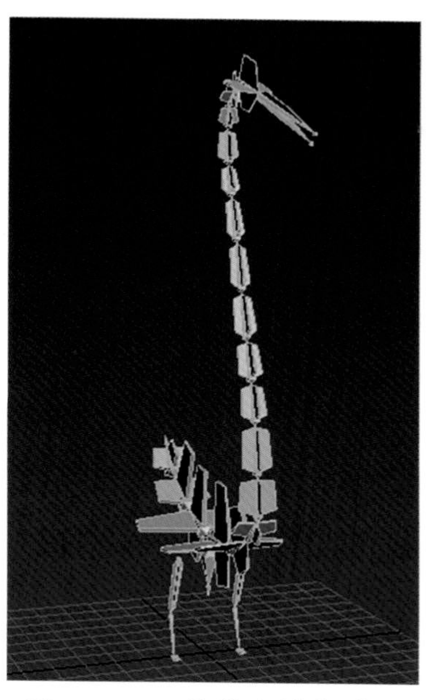

图 7–1–2　展鳍和镜像骨骼

03 制作控制器。为各个需要做动作的骨骼制作控制器，并对齐相对应的骨骼，完成后的状态如图 7–1–3 所示。

图 7–1–3　控制器完成状态

04 骨骼的绑定。身体躯干的绑定都是方向约束，这个角色脖子很长，并且弯曲，如果用样条线 IK 解算器，会产生错误，因此在这个案例中我们把天鹅的脖子做两个相交叉的 HI 解算，选择脖子开始处的第一根骨骼，到第七根骨骼做第一个 HI 解算，手柄子链接给脖子中间的粉红色圆形控制器。从第六根骨骼开始到头部骨骼，制作第二个 HI 解算，生成的解算手柄子链接给头部控制器，状态如图 7–1–4 所示。

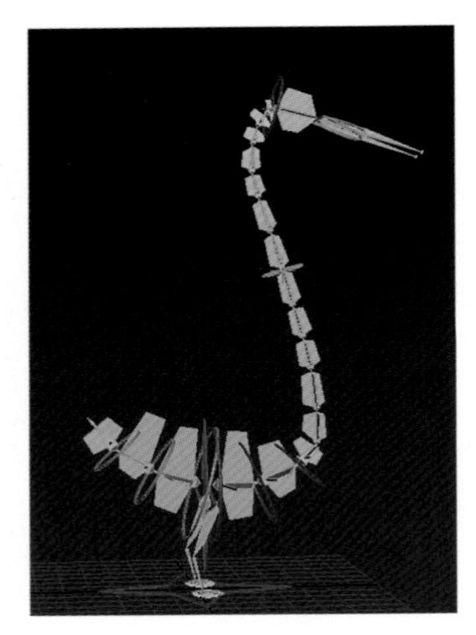

图 7-1-4　骨骼绑定完成

绑定完成后，进行蒙皮测试。接下来我们制作展开翅膀的模型骨骼，把展开翅膀的模型另存为“天鹅飞”。

05 创建骨骼。在侧视图创建躯干和脖子的骨骼，在顶视图创建主翅膀的骨骼，状态如图 7-1-5 所示。

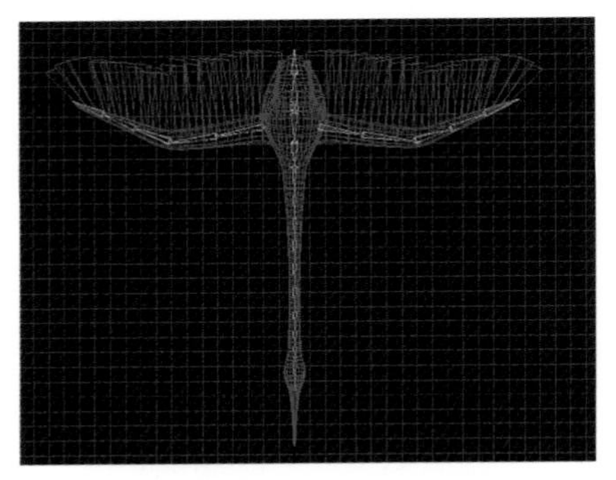

图 7-1-5　展翅天鹅的基础骨骼创建

06 创建翅膀骨骼。在顶视图中，创建翅膀羽翼骨骼，状态如图 7-1-6 所示。

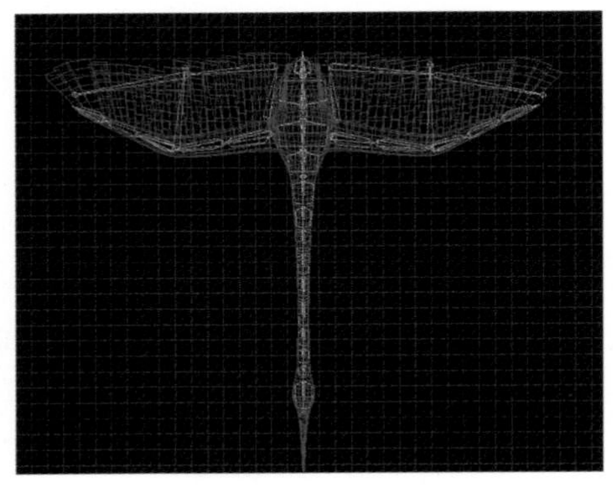

图 7-1-6　羽翼骨骼状态

翅膀所有的骨骼都不能镜像复制，不然在绑定中会出现错误。

07 切换到透视图，进入骨骼编辑模式，把翅膀骨骼进行对齐，位置状态如图7-1-7所示。

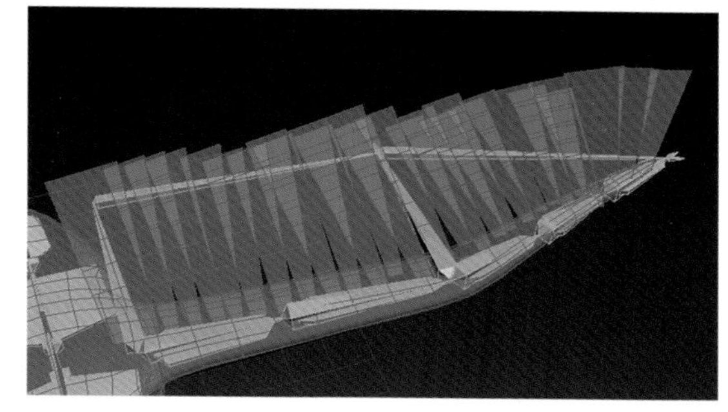

图 7-1-7　翅膀骨骼精细调整

08 制作腿部骨骼，状态如图 7-1-8 所示。

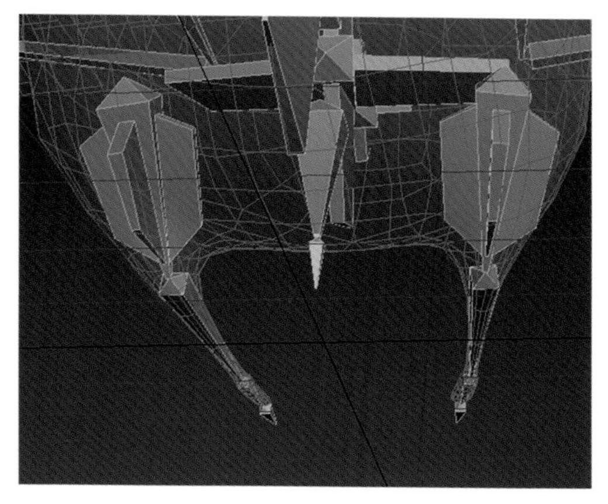

图 7-1-8　腿部骨骼状态

09 骨骼绑定。身体部分用方向约束即可，现在着重讲一下翅膀的绑定。翅膀前面的骨骼链用样条线 ik 解算，绑定完成后状态如图 7-1-9 中所示的紫色虚拟对象控制器。羽翼的骨骼用位置约束和注视约束，把它们绑定成能伸缩的骨骼。创建两个虚拟对象，并且对齐骨骼，状态如图 7-1-9 所示绿色虚拟对象控制器。

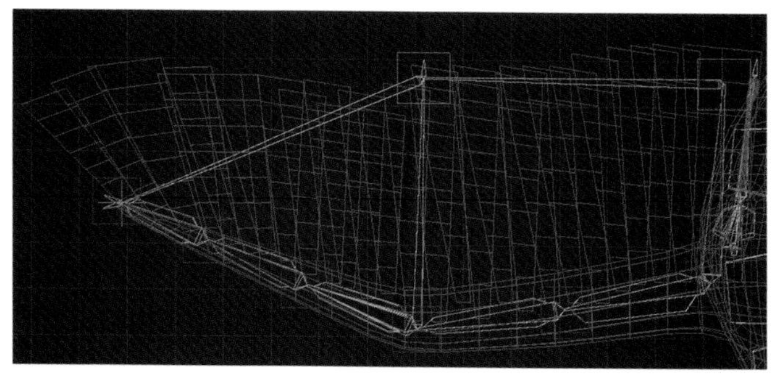

图 7-1-9　为羽翼骨骼创建虚拟对象控制器

10 把每根骨骼位置约束给大头所在位置上的虚拟对象，状态如图 7–1–10 所示。

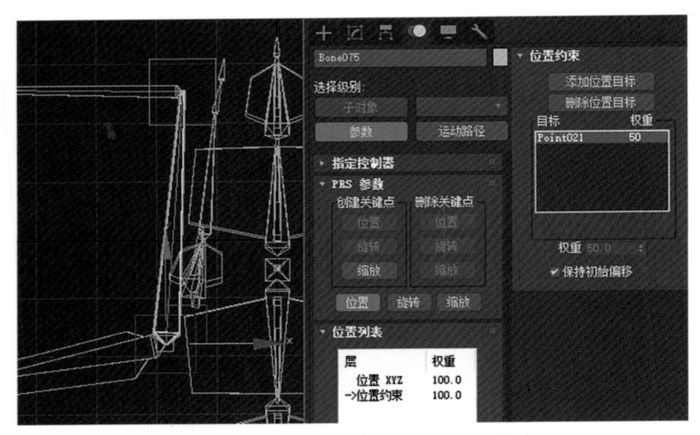

图 7−1−10　为骨骼做位置约束

11 选择骨骼注视约束到小头所在位置上的虚拟对象，末端骨骼位置约束到它所在位置的虚拟对象上，状态如图 7–1–11 所示。

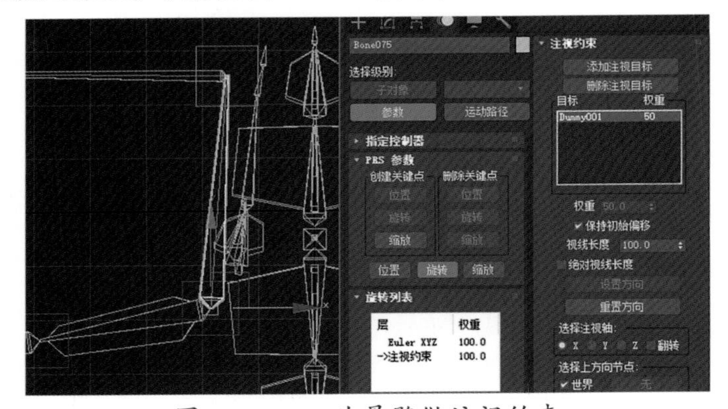

图 7−1−11　为骨骼做注视约束

12 把各虚拟对象间从末端到始端链接父子关系，完成的骨骼绑定状态如图 7–1–12 所示。

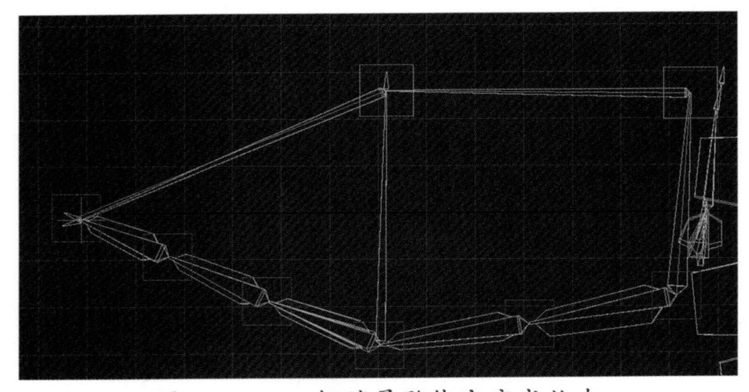

图 7−1−12　翅膀骨骼绑定完成状态

对控制器进行旋转测试，状态如图 7-1-13 所示，说明绑定没有问题。

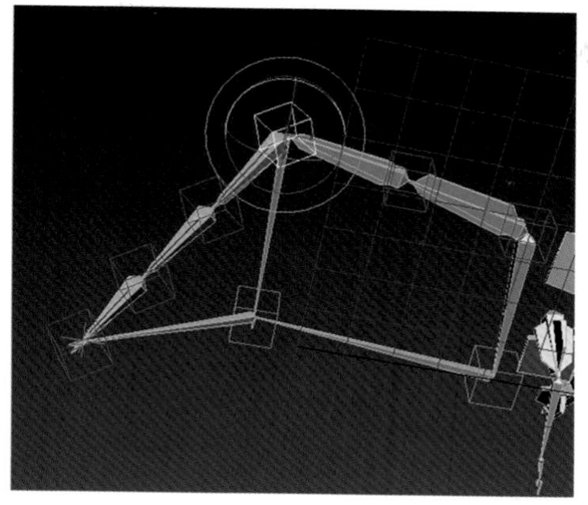

图 7-1-13　翅膀骨骼绑定测试

13 嘴部的绑定，把上嘴的骨骼和下嘴的骨骼分别方向约束给各自的控制器，把这两个控制器子链接给头部控制器，状态如图 7-1-14 所示。

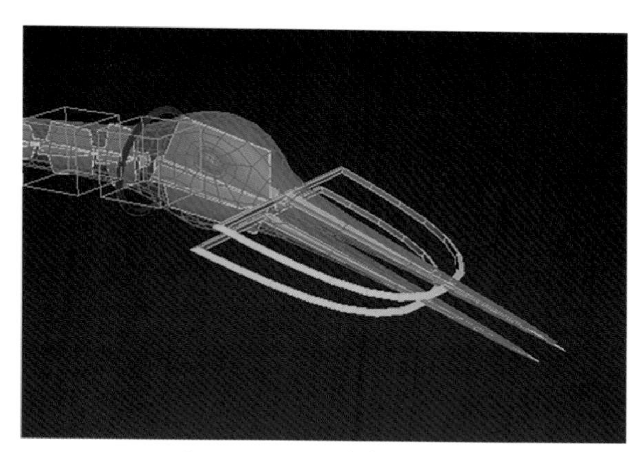

图 7-1-14　嘴部的绑定

14 腿部绑定。从大腿骨到脚踝制作 HI 解算，把生成的解算手柄子链接到脚部的虚拟对象控制器上，状态如图 7-1-15 所示。

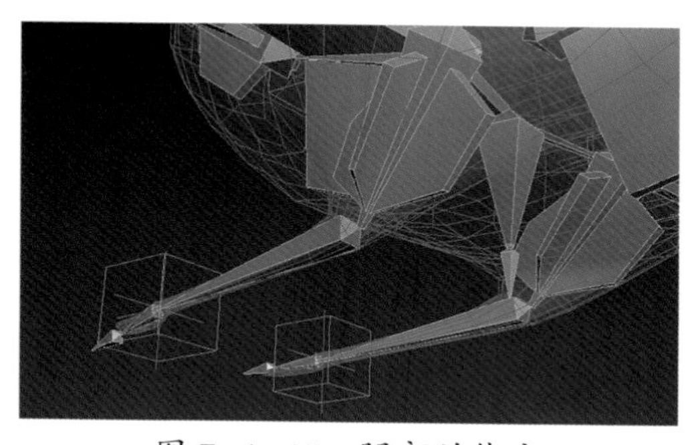

图 7-1-15　腿部的绑定

完成后的绑定状态如图 7-1-16 所示。

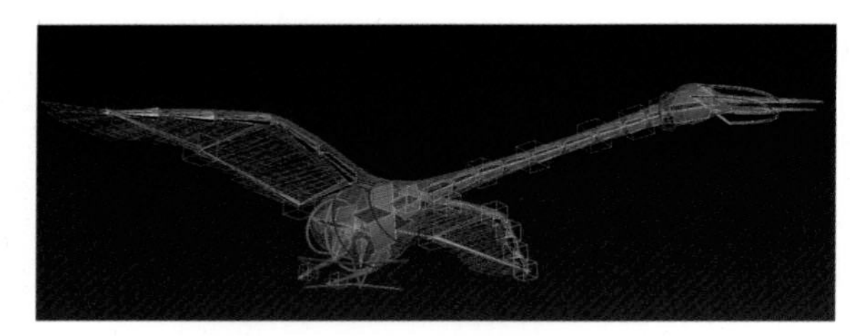

图 7-1-16 展翅天鹅绑定完成状态

完成绑定后，就可以进行角色蒙皮并进行权重的调整。

在这个任务中，我们主要学习了翅膀骨骼的绑定方法，你掌握了吗？

任务二 天鹅游水动画制作

任务目标

通过天鹅游水动画制作的学习，能够制作出有气氛的动画场景。

知识链接

1. 角色动画的调节。
2. 涟漪修改器的使用。
3. 灯光雾的设置。
4. 水面材质的设置。

技能训练

先来分析一下我们的任务，观看天鹅游水视频，第 1 帧如图 7-2-1 所示，第 120 帧如图 7-2-2 所示，第 240 帧如图 7-2-3 所示，整个场景描绘的是天鹅弯头啄翅，然后游向远处，一束光跟动，有水波，有倒影。

图 7-2-1 第 1 帧状态

图 7-2-2　第 120 帧状态

图 7-2-3　第 240 帧状态

01 打开前面制作完成的“浮水”文件，打开时间设置按钮，把结束帧设置为240 帧，状态如图 7-2-4 所示。

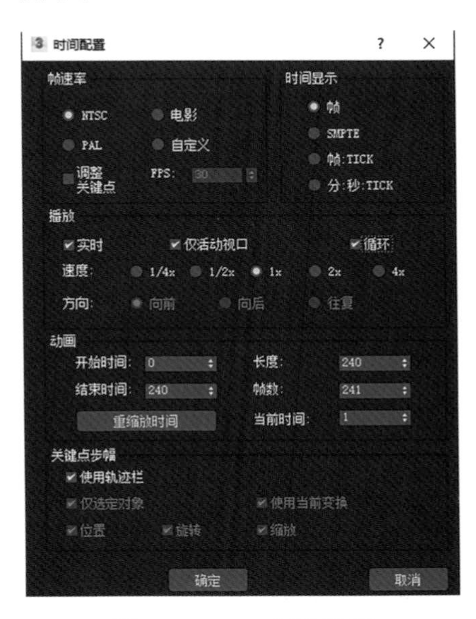

图 7-2-4　时间设置

02 划分时间范围。根据动物的运动规律分析，天鹅啄翅的动作，一般情况下可以在48帧完成，然后在第60帧恢复到模型原始动态。从第50帧让天鹅游出去，需要做主控制器的移动和旋转动画即可。（具体的动画时间问题是运动规律的问题，大家可以去找相关书籍和视频内容参考。）冻结天鹅模型，把时间滑块拖到第60帧，框选所有控制器，在时间轴上切换设置关键点模式，点击设置关键点按钮，为所有控制器在第60帧设置关键点。状态如图7-2-5所示。

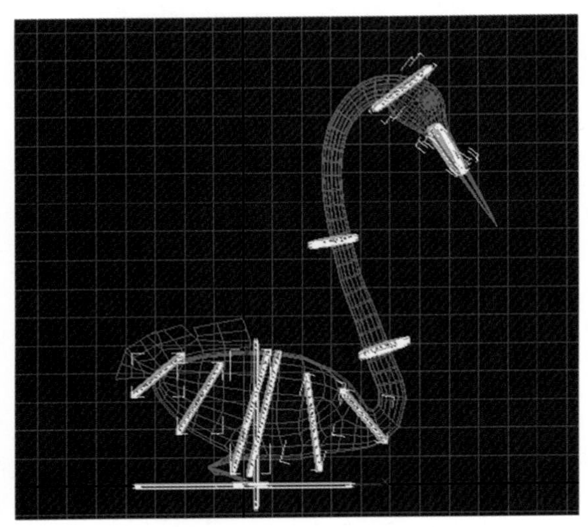

图7-2-5　第60帧状态

03 切换到自动关键点模式，把时间滑块拖动画第0帧，调节控制器，把模型调到如图7-2-6、图7-2-7、图7-2-8所示状态。

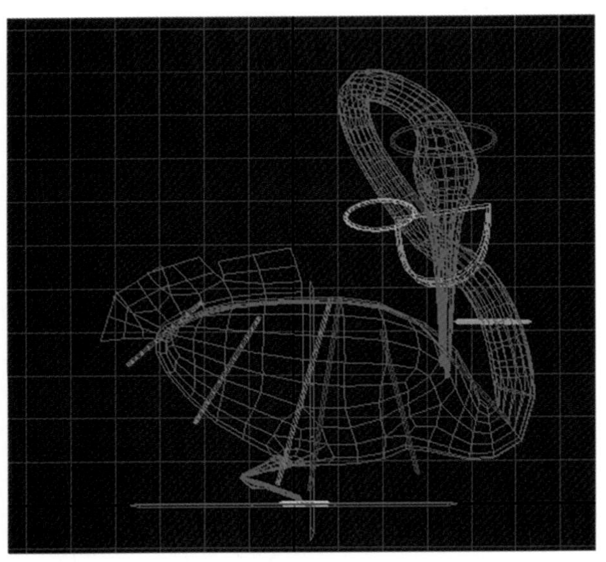

图7-2-6　第0帧左视图状态

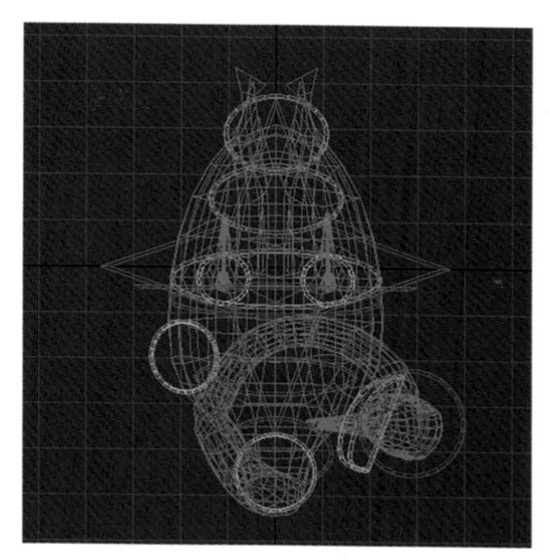

图 7-2-7　第 0 帧顶视图状态

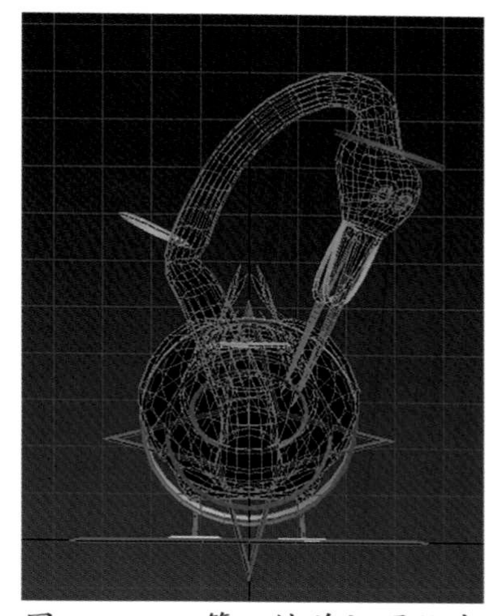

图 7-2-8　第 0 帧前视图状态

04 把时间滑块拖动到第 20 帧，调整控制器，状态如图 7-2-9、图 7-2-10，图 7-2-11 所示。

图 7-2-9　第 20 帧左视图状态

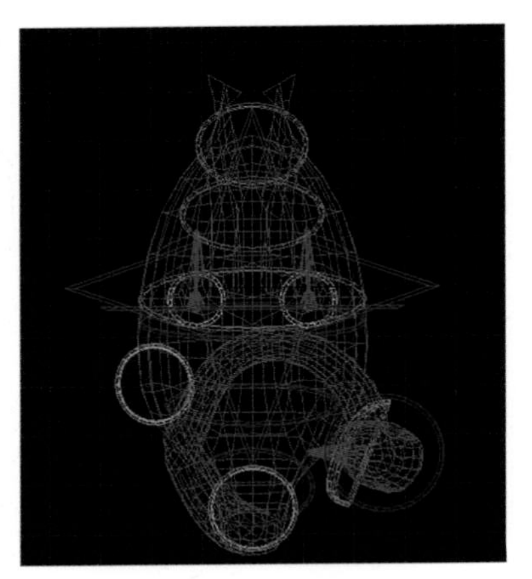

图 7-2-10　第 20 帧顶视图状态

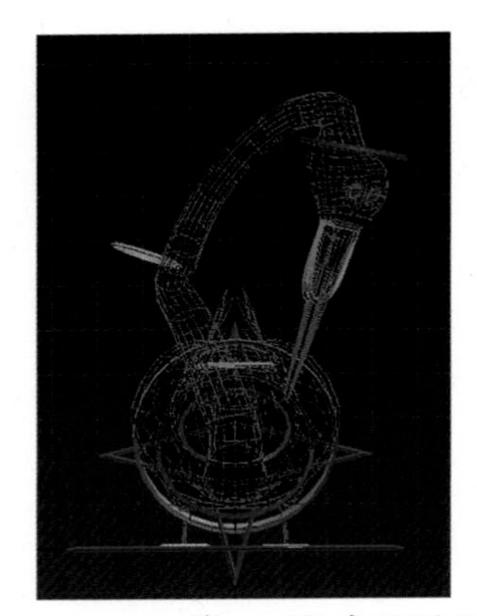

图 7-2-11　第 20 帧前视图状态

05 把时间滑块拖动画第 40 帧，在场景中选择所有的控制器，在时间轴上框选第 0 帧，按住键盘上的 Shift，按下鼠标左键把第 0 帧复制到第 40 帧。这样就完成了天鹅啄翅的动画，为了使动作看起来不那么死板，可以继续做一些细微调整。

06 制作主控制器的动画。把时间滑块拖动第 50 帧，选择主控制器，切换到设置关键点模式，点击设置关键点按钮，状态如图 7-2-12 所示。

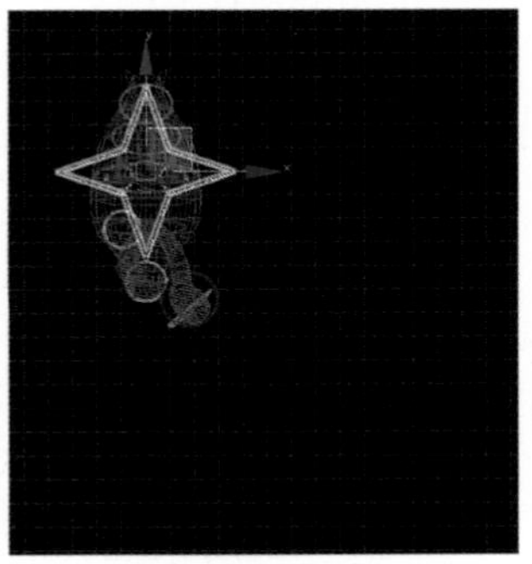

图 7-2-12　第 50 帧主控制器位置状态

07 切换到自动关键点模式，把时间滑块拖到第 240 帧，在顶视图中向右下方移动并旋转主控制器位置，位置状态如图 7-2-13 所示。

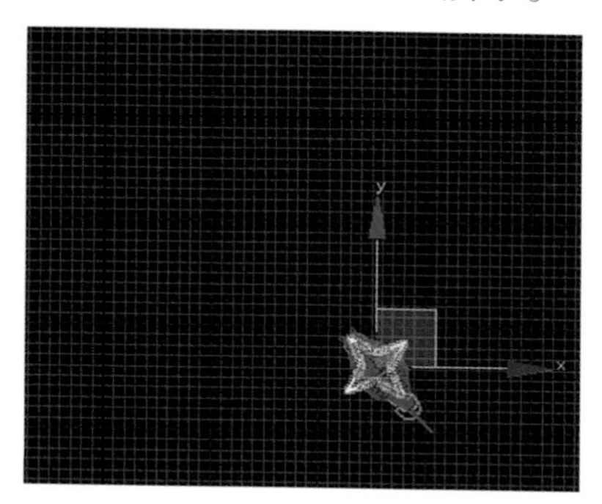

图 7-2-13　第 240 帧主控制器位置

08 把时间滑块拖到第 120 帧，调主控制器的状态如图 7-2-14 所示状态。

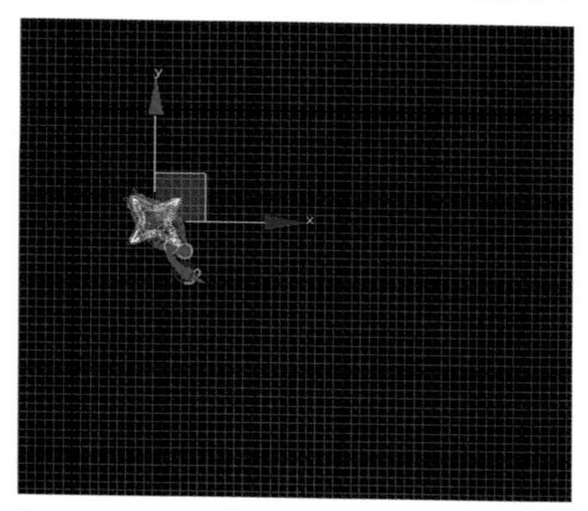

图 7-2-14　第 120 帧主控制器状态

天鹅游水的动画制作完成后，我们来添加水面。

09 在显示面板下隐藏几何以外的所有类型对象。冻结天鹅模型，在顶视图创建一个平面，状态如图 7-2-15 所示。

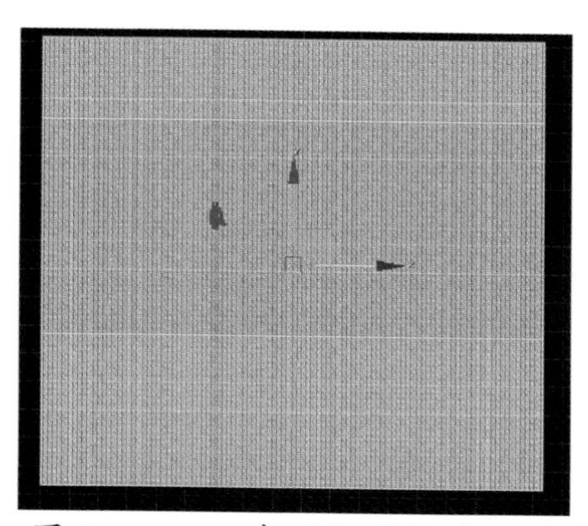

图 7-2-15　在顶视图创建平面

这个平面的大小要参考天鹅角色移动的位置来决定，分段要在电脑缓存能承受的范围内尽量多，分段越多，水纹越精致。

10 选择平面，在修改器列表中单击 [涟漪] 为平面添加一个涟漪修改器，设置参数如图 7-2-16 所示。

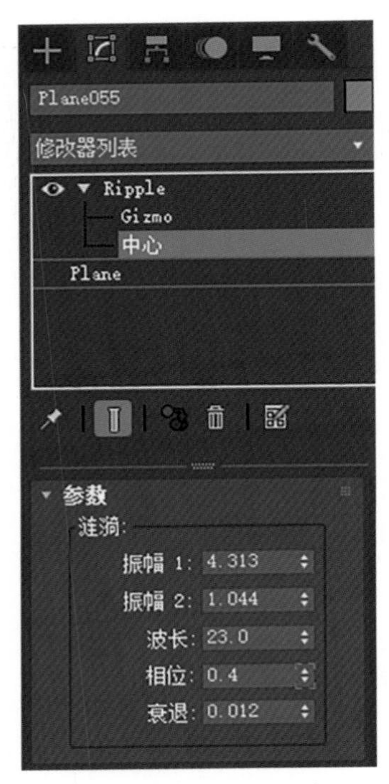

图 7-2-16　第 0 帧涟漪参数设置

11 选择涟漪的中心，在场景中移动一天鹅的位置，状态如图 7-2-17 所示。

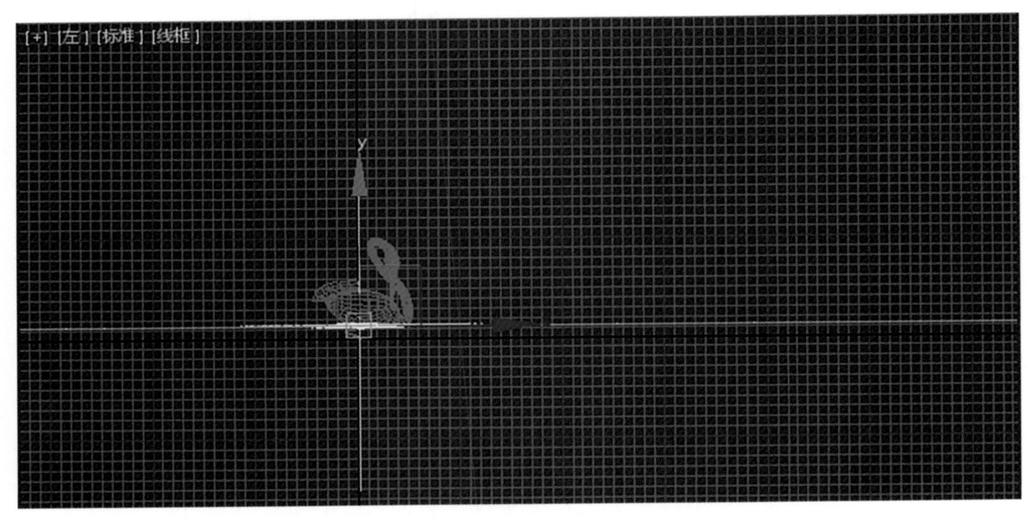

图 7-2-17　修改涟漪修改器的中心位置

12 切换到自动关键点模式，把时间滑块拖到第 240 帧，在修改面板下，修改涟漪的参数设置如图 7-2-18 所示。

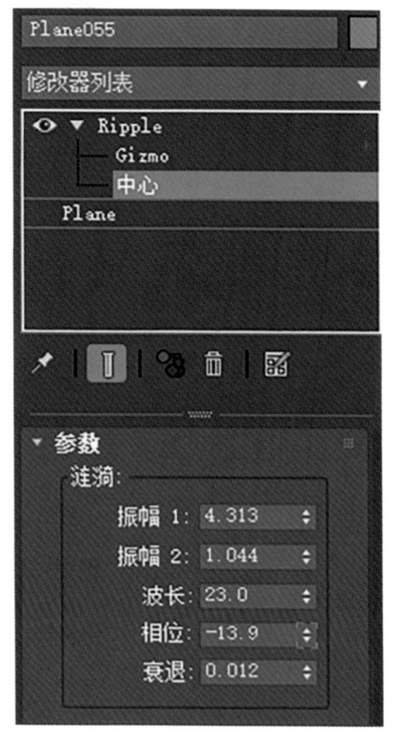

图 7-2-18　第 240 帧涟漪参数设置

13 修改涟漪的中心位置到天鹅所在位置，透视图状态如图 7-2-19 所示。

图 7-2-19　第 240 帧涟漪修改器中心位置

14 设置水面材质。在材质编辑器中选择一个空白示例球，修改名字为“水面”，参数设置如图 7-2-20 所示。

图 7-2-20 水面材质参数设置

漫反射通道里面添加渐变贴图，参数设置如图 7-2-21 所示。

图 7-2-21 渐变贴图参数设置

不透明通道添加衰减贴图，参数设置如图 7-2-22 所示。

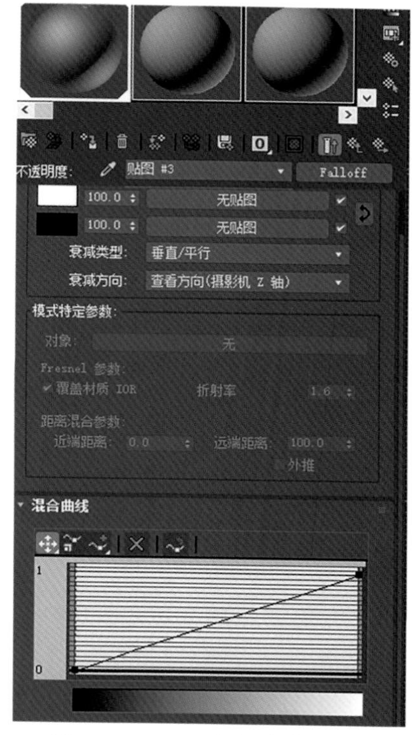

图 7-2-22　衰减参数设置

反射通道添加光线跟踪贴图，参数设置如图 7-2-23 所示。

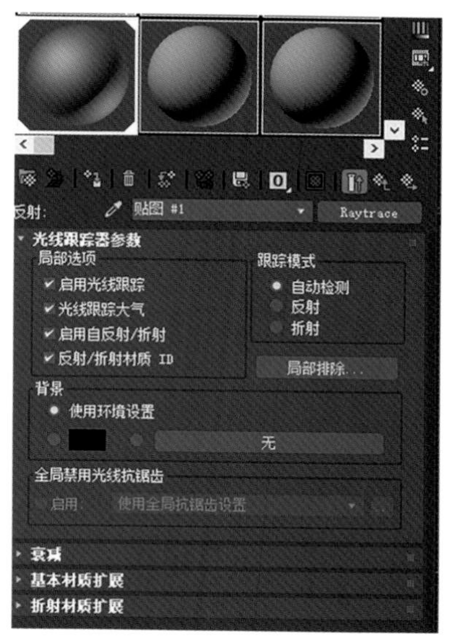

图 7-2-23　光线跟踪参数设置

把材质指定给水面模型，渲染观察一下效果。接下来制作灯光。

15 在左视图创建一个聚光灯，一个泛光灯，位置状态参考图 7-2-24、图 7-2-25。

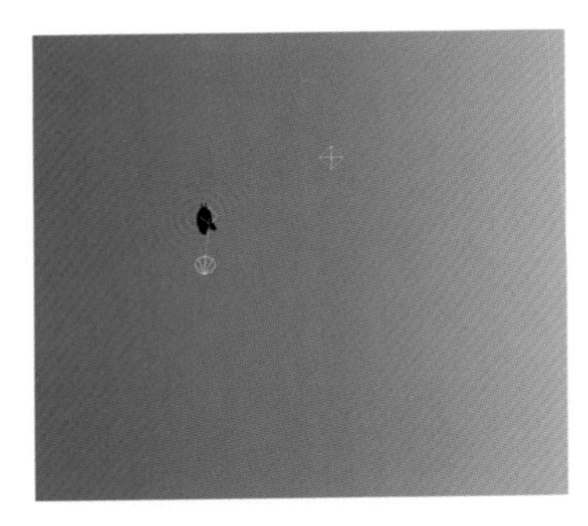

图 7-2-24　灯光顶视图的位置状态

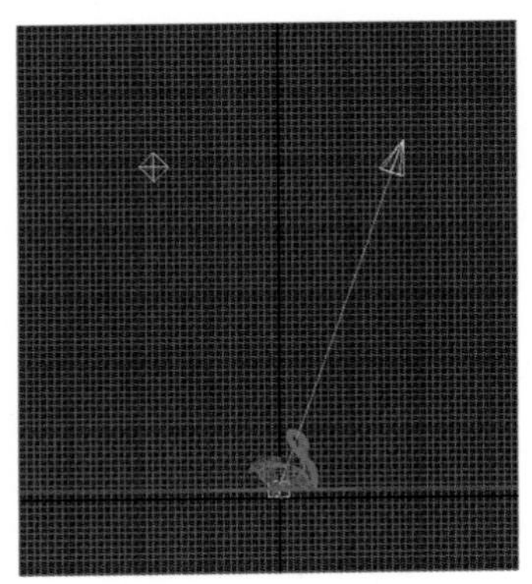

图 7-2-25　灯光左视图位置状态

聚光灯参数设置如图 7-2-26 所示。

图 7-2-26　聚光灯参数设置

泛光灯参数设置如图 7-2-27 所示。

图 7-2-27　泛光灯参数设置

把聚光灯的目标点子链接给天鹅模型，拖动时间滑块，聚光灯目标点跟着天鹅移动，第 240 帧状态如图 7-2-28 所示。

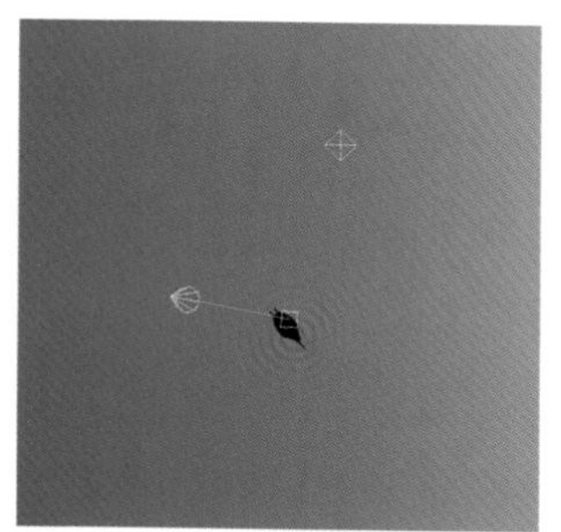

图 7-2-28　第 240 帧灯光位置

16 设置大气效果。切换到透视图，旋转到合适的位置，按下键盘上的 Ctrl+C 组合键，创建一个摄影机，打开安全框显示，状态如图 7-2-29 所示。

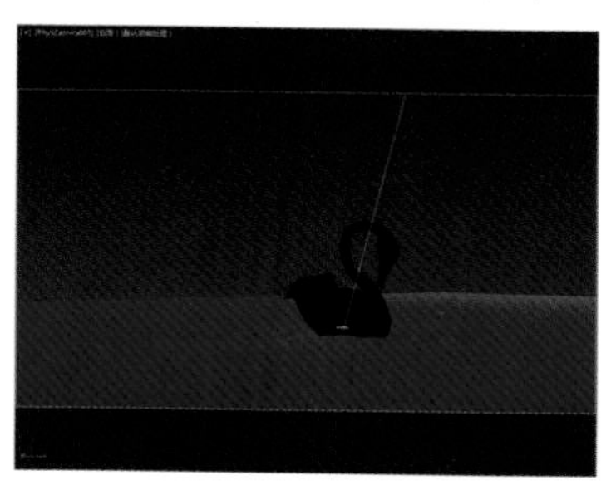

图 7-2-29　摄影机视图初始状态

选择聚光灯，在修改面板下大气和效果选项卡中添加体积光，选择体积光点击设置按钮，调出环境和效果设置面板，设置参数如图 7–2–30 所示。

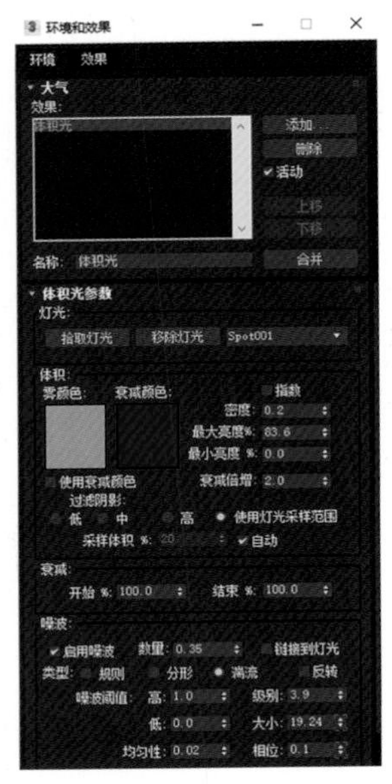

图 7–2–30 第 0 帧体积光参数设置

把时间滑块拖到第 240 帧，打开自动关键点设置模式，修改体积光的大小和相位参数设置如图 7–2–31 所示。

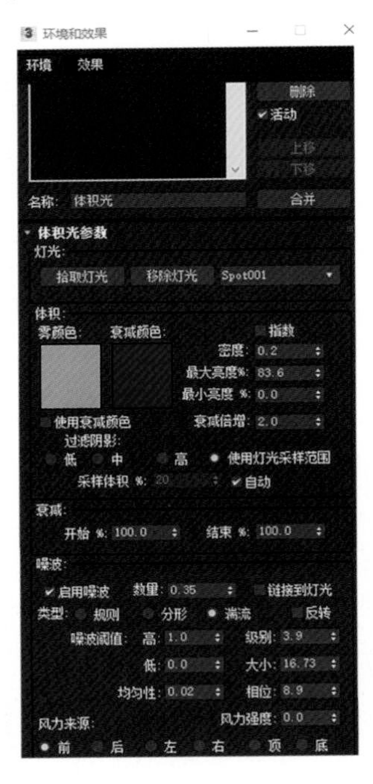

图 7–2–31 第 240 帧体积光参数设置

渲染测试第 0 帧，状态如图 7-2-32 所示。

图 7-2-32　第 0 帧渲染测试

渲染效果不做修改即可设置动画序列的渲染，也可以尝试着修改雾的颜色，来得到不一样的效果，快点动手吧。

任务三　天鹅飞翔动画制作

任务目标

通过本任务的学习掌握鸟类飞翔动画的制作方法以及粒子年龄贴图的应用方法。

知识链接

1. 飞翔动画的制作。
2. 粒子年龄贴图的应用。

技能训练

先来了解一下这个案例的元素，动画截图如图 7-3-1、图 7-3-2、图 7-3-3 所示。

图 7-3-1　第 0 帧画面截图

图 7-3-2　第 120 帧画面截图

图 7-3-3　第 240 帧画面截图

在这个动画中，天鹅飞过月亮，并飘散出晶莹的粒子，我们首先要制作出天鹅飞翔的动画，然后为它制作环境特效。现在先来制作角色的动画。

01 打开“天鹅飞翔”场景文件，时间设置为 240 帧，把时间滑块拖动第 0 帧，调节控制器，把天鹅翅膀的动态调整到如图 7-3-4、图 7-3-5 所示状态。

图 7-3-4　第 0 帧左视图动态

图 7-3-5　第 0 帧前视图动态

02 把时间滑块拖到第 30 帧，调整修改器，把天鹅的动态调整到图 7-3-6、图 7-3-7 状态。

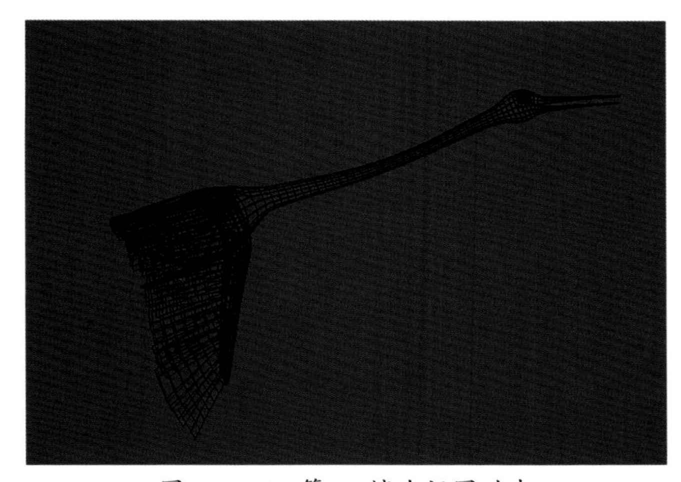

图 7-3-6　第 30 帧左视图动态

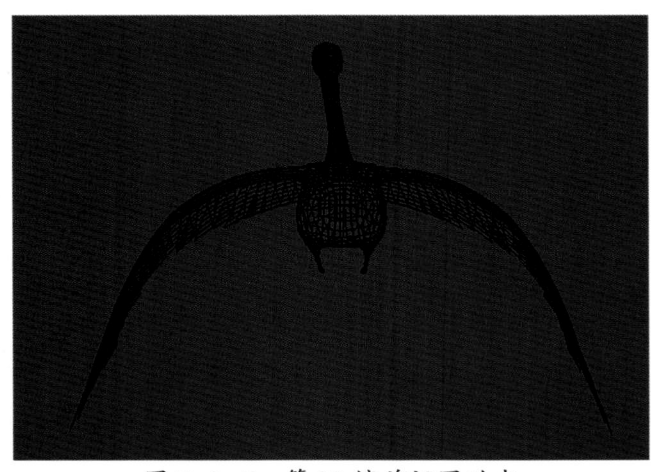

图 7-3-7　第 30 帧前视图动态

03 框选择所有的控制器，把第 0 帧的关键帧复制到第 60 帧，打开曲线编辑器，设置控制器的循环动画。并把第 0 帧和第 60 帧的关键点设置为切线方式，这样，翅膀在扇动的过程中向下运动速度会加快，向上运动时速度会变慢，使动画更加真实。也可以在时间轴上把所有控制器的第 30 帧上的关键点向前移动 5 帧。这样动作就不会太呆板。

04 制作主控制器的路径约束动画。在场景中创建一条线，调整点的位置，状态如图 7–3–8、图 7–3–9 所示。

图 7–3–8　顶视图路径位置状态

图 7–3–9　左视图路径位置状态

选择主控制器，做路径约束，调整约束轴向，完成动画制作。状态如图 7–3–10 所示。

图 7–3–10　路径约束完成状态

05 接下来制作天鹅飞翔过时翅膀飘散的粒子。在场景中创建一个自由源粒子，状态如图 7-3-11 所示。

图 7-3-11　创建自由源粒子

按下 6 键调出粒子视图，选择位置对象替换事件 001 中的位置图标，如图 7-3-12 所示，并拾取场景中的翅膀模型，这样粒子就从翅膀模型上发射出来，如图 7-3-13 所示。

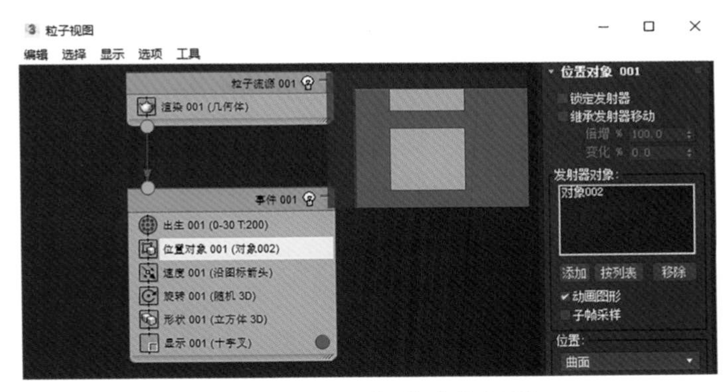

图 7-3-12　位置对象设置

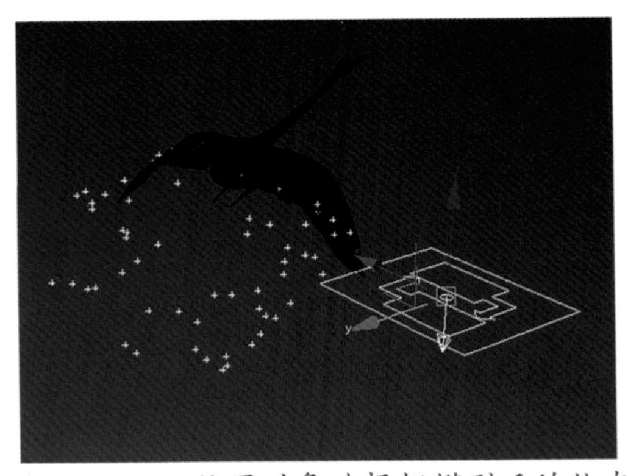

图 7-3-13　位置对象选择翅模型后的状态

设置粒子出生的参数，如图 7-3-14 所示。

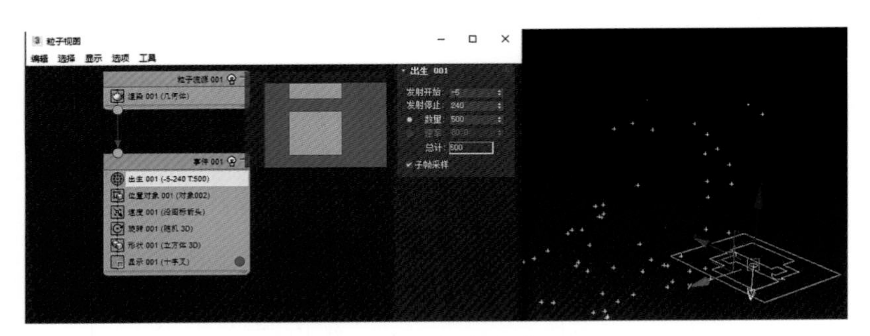

图 7-3-14　粒子出生参数设置

06 在场景中创建风力，位置如图 7-3-15 所示。

图 7-3-15　力在顶视图中的位置

设置力的参数如图 7-3-16 所示。

图 7-3-16　力的参数设置

打开粒子视图，把力和删除添加到事件 001 中，并把场景中的风力拾取进来，参数设置如图 7–3–17 所示。

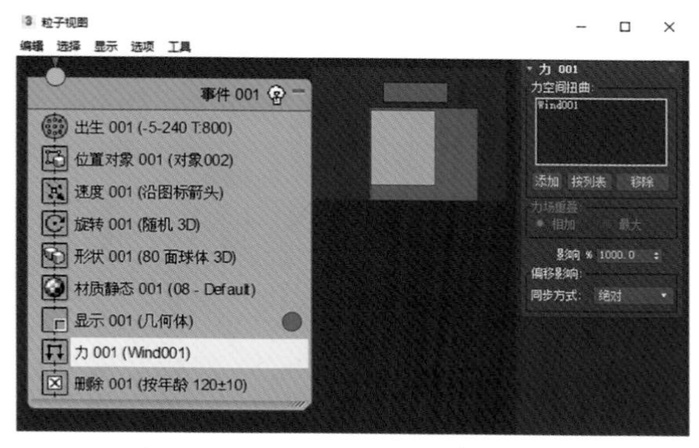

图 7–3–17　粒子视图参数设置

创建月亮模型和两个泛光灯，位置如图 7–3–18、图 7–3–19 所示。

图 7–3–18　顶视图中灯光和月亮模型的位置

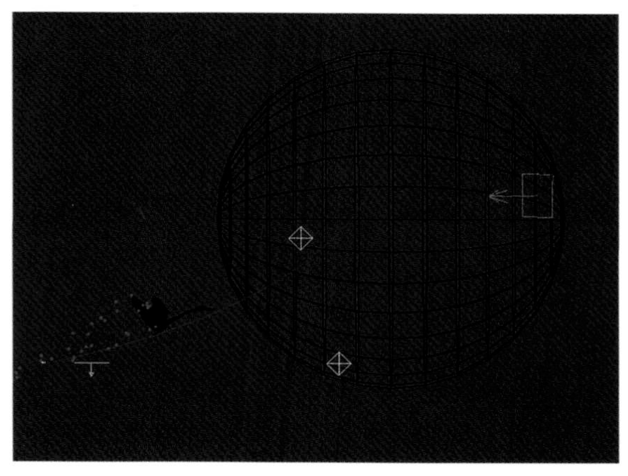

图 7–3–19　左视图中灯光和月亮模型的位置

月亮模型可以创建球后沿 z 轴压扁。离月亮近的灯光是主光，用来模拟月光，颜色设置为淡黄色，强度设置为 1。另一个灯光做为辅光，设置为偏冷的颜色，强度设置为 0.3 左右。

月亮模型的参数设置如图 7-3-20 所示。

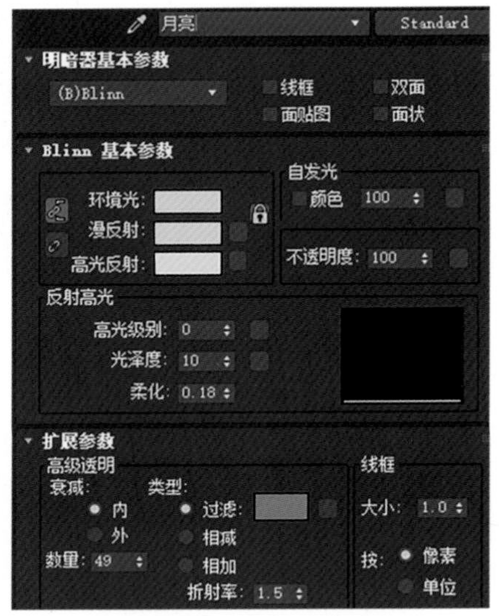

图 7-3-20　月亮的参数设置

粒子的材质的漫反射通道中添加粒子年龄贴图，透明度通道中添加衰减贴图，参数设置如图 7-3-21、图 7-3-22 所示。

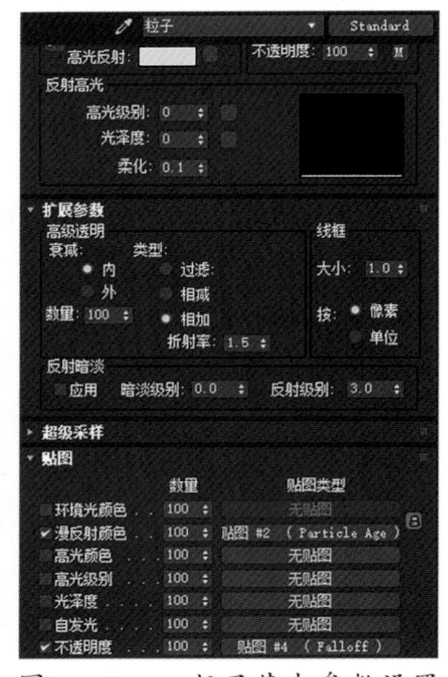

图 7-3-21　粒子基本参数设置

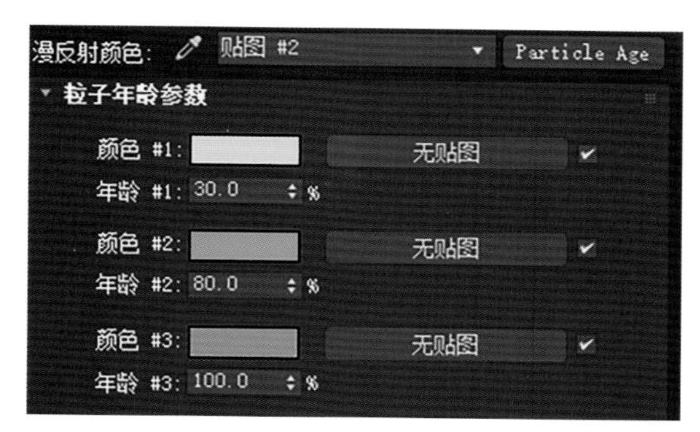

图 7-3-22 粒子年龄参数设置

打开渲染菜单下的环境命令，调出环境和效果面板，把背景颜色修改为浅蓝色，状态如图 7-3-23 所示。

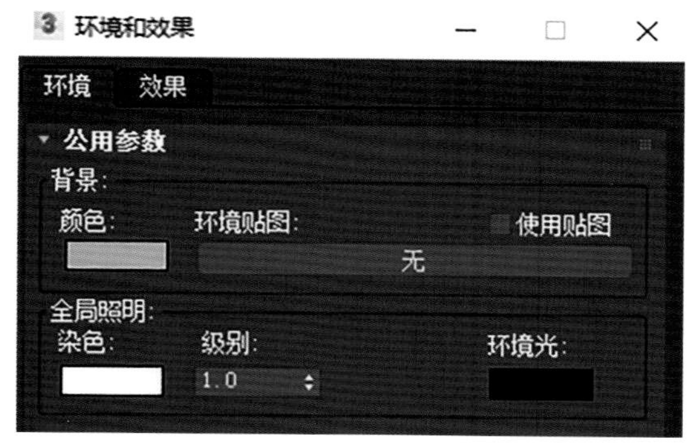

图 7-3-23 背景颜色设置

渲染测试，可以看到完成的效果。

经过漫长的练习我们终于把两段动画都完成了，如果你希望做出更好的效果，就要把它们分别输出为序列图片，找一些背景资料和音乐，在后期软件里面把它们合成处理，完成我们的项目案例效果，来，试一试吧！

项目小结

通过本项目的制作，我们学习了禽鸟类角色动画的制作思路和方法，涟漪修改器和材质渲染相配合模仿水面的动画，学习了自发光材质模仿发光物体的制作方法，以及体积雾的参数设置，你都掌握了么？

拓展训练

完成项目七的动画制作，并根据所掌握的知识点进行相似类型动画的制作练习。

参考文献

[1] Stewart Jones.3ds Max 动画角色建模与绑定技术解析 [M]. 刁海鹏 , 朱星宇 , 译 . 北京：人民邮电出版社，2015.

[2] 南希・贝曼 . 动画表演规律 [M]. 赵焉 , 译 . 北京：中国青年出版社，2011.

[3] 上官大堰 , 索文 .3ds Max 游戏设计师经典课堂 [M]. 北京：清华大学出版社，2014.

[4] 亓鑫辉 , 周光平 .3ds Max 影视特效火星课堂——流体烟雾篇 [M]. 北京：人民邮电出版社，2011.

后记

经过漫长的过程，我们掌握了二足角色、柔体角色、四足角色、禽鸟类角色的骨骼设计、绑定和蒙皮的方法，以及一些三维特效的制作方法。关于更多的动画制作，大家还要多参考一些运动规律的资料，多加练习，很多技术上的能力是靠不断练习来积淀、提升的，而很多艺术上的东西是需要我们多看多听多想而后再加上多动手、多试错，希望这本书能在您动画制作成长的路上是一颗小小的铺路石，给您带来一点点帮助，由于作者能力有限有许多不足之处，谬误之处劳请大家指正。